活水還須活火烹自臨釣
石取深清大瓢貯月遠春

中国名茶丛书

丛书主编
郑国建

精彩图文版

金骏眉

徐庆生　江志东　徐希西　祖帅 － 著

中国农业出版社

图书在版编目（CIP）数据

金骏眉/徐庆生,等著. --北京:
中国农业出版社, 2020.9
（中国名茶丛书）
ISBN 978-7-109-26629-2

Ⅰ.①金... Ⅱ.①徐... ②江... ③徐... Ⅲ.①武夷山－
红茶－基本知识Ⅳ.①TS272.5

中国版本图书馆CIP数据核字(2020)第034302号

中国名茶丛书·金骏眉
ZHONGGUO MINGCHA CONGSHU JINJUNMEI

中国农业出版社出版

地　址　北京市朝阳区麦子店街18号楼
邮　编　100125
责任编辑　孙鸣凤
整体设计　今亮后声 HOPESOUND paizaoyage@163.com
责任校对　沙凯霖

印　刷　北京中科印刷有限公司
版　次　2020年9月第1版
印　次　2020年9月北京第1次印刷
发　行　新华书店北京发行所
开　本　700mm×1000mm　1/16
印　张　14
字　数　200千字
定　价　69.00元

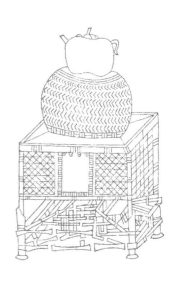

丛书编委会

主编　郑国建

编委（按姓氏笔画排序）

马士成　王 云　王岳飞　叶乃兴　叶启桐

宁井铭　吕才有　吕立堂　刘勤晋　孙鸣凤

孙威江　杜颖颖　李大祥　杨秀芳　肖 斌

肖力争　余 悦　邹新武　邹新球　汪一飞

张士康　张丽霞　陈文品　陈玉琼　陈世登

周玉璠　周红杰　郑国建　赵玉香　胡继承

倪德江　徐庆生　郭桂义　唐小林　黄建安

黄瑞光　龚淑英　童华荣　黎星辉　穆祥桐

总序

　　中国是茶的故乡，茶是中国的瑰宝。中国饮茶之久、茶区之广、茶艺之精、名茶之多、品质之好，堪称世界之最。在漫长的生产实践中，无数茶业工作者利用各自茶区的生态环境和茶树资源，经过独特的加工制作，形成了文化底蕴深厚、外形千姿百态、品质独具特色的名茶。

　　中国名茶是众多茶类中一颗颗璀璨的明珠，在我国茶业发展史上占有重要地位。从古代丝绸之路、茶马古道、茶船古道，到今天丝绸之路经济带、21世纪海上丝绸之路，中国名茶穿越历史、跨越国界，在给人类带来健康的同时，也带来美的享受、文化的熏陶，深深融入中国人生活，深受世界各国人民喜爱。

　　2006年，由中国农业出版社出版的"中国名茶丛书"，受到业界与广大读者的欢迎，并被多次重印，具有较高的社会价值和学术价值。为更好地传承、弘扬中国名茶，引导正确的名茶消费文化，为中国名茶"正名"，应众多读者的要求，中国农业出版社决定进一步充实、丰富"中国名茶丛书"，普及寻茶、买茶、品茶、鉴茶知识，将"生态·健康·标准"的名茶传递到广大茶叶爱好者手中。

　　"中国名茶丛书"是一套开放性大型名茶丛书，计划陆续推出以单种名茶命名的一系列茶书。丛书所收录的中国名茶，由传统名茶、恢复历史名茶、新创名茶中臻选。臻选"名茶"种类的标准如下：

　　既有历史渊源或人文地理条件，又有今世能工巧匠的传承；

　　茶树品种优良，种植科学规范，制作工艺精湛；

　　茶叶外形独特，品质优异；

有一定的知名度，被消费者公认；

有一定的商品数量，产生较好的经济效益。

　　丛书邀请几十年如一日从事名茶生产、研究和教学的专家学者担纲编委会编委，或者各茶书主编、副主编。丛书集中展示各名茶在天、地、人间发生、发展和演变的全过程，既介绍该名茶的生长条件、加工技术、品质特征、保健功能等技术内容，也有名茶发展历史、人文环境、典故传说等传统文化知识，又不乏大量有关该名茶冲泡技巧、品鉴艺术、贮存、选购等图文并茂的实用信息。每本书如同所介绍的名茶一样，都散发着缕缕幽香，沁人心脾。

　　等闲识得东风面，万紫千红总是春。中国名茶源远流长，文化底蕴博大精深，尽管我们殚精竭虑，呈现给您的也许只是"半瓯清芳"。丛书倘有不足，敬请方家赐教指正。

丛书编委会

2020 年 3 月

序

茶者，形似简而意实深。

就表象而言，栽种丘林高山，根植丰沃土壤，在风霜雨雪中成长，在青云薄雾间繁茂。滋味或甘润悠柔，或醇厚馥郁，从秦汉三国作为药食，到魏晋南北朝渐成佳饮，一盏清茶，就能寻见烟尘俗世的市井人生，品味尘埃飞扬的生活百态。

从内质来看，承纳天地玉露，涵容日月精华，是乾坤之气的酝酿，更是阴阳之道的调和。可聚友汇客，可安神清心，从宋代品茶社团兴盛成风，到明清年间茶道文化普及，一间茶室，可作超然物外的精神悠游，感悟天地人融通的法理探义。

"茶"的内涵丰富多彩，包罗万象、绵延无穷，围绕其生发出的千万茶事，更是璀璨纷呈。无论是种茶、采茶、制茶等各种茶业，还是茶器、茶艺和茶理等诸般茶道，都说明了人们对茶的极致追求绝不仅仅是为了享受舌尖愉悦，更是为了体验生命百味。茶香氤氲之间，正是中国千年茶道的悠悠绽放。

然而，茶虽为国饮，且好茶者众，但真正识茶、懂茶的人却不多，多数人对茶的生长习性、研制技法、发展历史和文化含义知之甚少，这对于具有"至精至美"茶道精神的中华民族而言，确是一件憾事。有感于此，我的挚友徐庆生先生，早年在武夷山市委任职期间，就潜心钻研，不懈探求茶文化的普及与推广，做了大量扎实而富有成效的工作，他编著的系列茶书，通过对源远流长历史的回顾追溯和琐碎繁复资料的钩沉整理，条分缕析地呈现了中国茶的百态事象和万千道义，至今仍是人们了解和掌握茶文化知识的重要著作。

庆生对茶如痴如醉，源于他早年学农，然更与武夷丹山碧水密切相连。千壑竞秀的三十六峰云蒸霞蔚泻飞翠，蜿蜒回转的九曲溪水碧波涟漪荡流光，生长于斯的万世灵芽，正是武夷山水馈赠当地百姓的瑰宝。如果说，奇秀甲东南的碧水青山孕育了武夷茶"流华净肌骨，疏瀹涤心原"的曼妙生命，那么天地人和谐统一的儒释道文化更赋予了武夷茶"不须攀月桂，何假树庭萱"的明睿精魂。武夷茶不仅品类众多，汇集了大红袍、肉桂、水仙、正山小种红茶、金骏眉等，而且品质独特，名扬九州。早在17世纪上半叶，武夷茶就顺着海上丝绸之路南下横穿印度洋远销英国，并几乎于同一时期，沿陆上"万里茶道"挺进俄罗斯，从而迅速成为欧洲人尤其是英国皇室生活不可缺少的必备品，由此开启了世界红茶兴盛之源……在这名副其实的"茶都"中生活过的人，如何能不倾心于茶事、醉心于茶艺、执着于茶道？

而在这个风景秀美的茶都，人们口耳相传、念之思之的，除了岩茶，就是红茶中的翘楚——金骏眉。这款在正山小种传统工艺基础上精心研制出的红茶，采摘自武夷山国家级自然保护区内的高山原生态小种新鲜茶芽，经过一系列复杂的萎凋、摇青、发酵、揉捻等加工步骤而得以完成。优质的种植环境和严苛的选材条件，全程手工精细制作过程，金汤清雅、韵味高贵的品鉴效果，使金骏眉成为难得的茶之珍品。为了让更多人进一步了解和品赏这份珍宝，庆生携江志东、徐希西、祖帅撰写了《中国名茶丛书 金骏眉》，全面系统地记述了金骏眉的生态风貌、品质特征、加工技法、品饮艺术、风俗礼仪乃至药用价值及存储之法等，内容翔实，图文并茂，细致生动地展现了金骏眉的前世今生，对于促进金骏眉茶文化的进一步繁荣、助推武夷茶产业深入发展壮大具有重要意义。

陆游有诗吟："矮纸斜行闲作草，晴窗细乳戏分茶。"品茶是门学问，识茶更是道行，不仅是晓茶事、辨茶器、懂茶艺，更是解茶情。洋洋洒洒一本《中国名茶丛书 金骏眉》，看似品鉴金骏眉，实则酝酿着大智慧：溯源红茶历史中有对往来古今的瞭望观取，考察珍品精心培育间是对世事代谢的洞察体会，畅谈品饮文化时更含对人情事象的悉心揣摩……正是一杯两盏清茶，三番五轮人生。相信无论是否喜茶爱茶识茶之人，翻阅此书，都将借着"金骏眉"这一机缘，或见山水天地，或见世故人情，或见悠悠古今，或见烟火微尘，各有所得，各领所悟。

虽寥寥数语，然寄盼甚切，是为序。

陆永进

中国作家协会、文艺评论家协会会员

福建平潭综合实验区文联党组书记、主席

2020 年 3 月

人才举事，生态助事，福地成事。

武夷山因其独特的丹霞地貌形成了"三三秀水清如玉，六六奇峰翠插天"的自然景观而位尊八闽，秀甲东南。它历史悠久，经历了以架壑船棺为象征的古越族文化时期、以城村古汉城为标志的西汉文化时期和以朱熹为代表的宋明理学文化时期，人文丰富，名流辈出。一代又一代的武夷山人，用聪明才智，在这块神奇的土地上，创造了一个个可歌可泣的伟大业绩，谱写了一行行震撼人心的壮丽诗篇，留下了一座座值得自豪的历史丰碑。

独特的地理气候和自然生态环境，造就了武夷茶与众不同的品质。它是大自然对武夷山人的厚爱和馈赠，更是武夷山人与自然和谐相融、"天人合一"的结晶。武夷山人凭借茶的智慧，独创出了武夷岩茶和正山小种，回报自然，奉献人类。大红袍雍容华贵，清高醇厚，如古寺钟声，浩荡悠远；正山小种甘滑爽口，舒坦绵长，如大山云雨，润沁心脾……

正山小种是世界红茶的鼻祖，其发源地在武夷山星村的桐木。四百多年前，正山小种开创了世界红茶之源；后流传于世，漂洋过海，成为世界统饮名茶。红茶的兴盛，演绎出了世界性的"下午茶"文化，为古丝绸之路中华文明、印度文明、阿拉伯文明和欧洲文明的交流与互鉴，贡献了中国智慧。

2005 年，武夷山以江元勋先生为主的茶人，颠覆传统红茶制作工艺，用奇种茶树品种的芽尖，研究发明了金骏眉。它的创新与突破，开启了中国顶级红茶的业界传奇；它填补了中国长期以来没有顶级红茶的空白，引发了国内的红茶热，为中国红茶的重新崛起做出了贡献。如今金骏眉，已成为中国红茶卓越品质的代表和象征。

● 武夷山大王峰

　　中国是世界产茶大国，但不是出口贸易强国。全国现有茶叶企业7万多家，规模小，多为区域性品牌；行业标准缺失，市场扩张缓慢；在国际市场上，没有一个占据绝对优势、叫得响的民族品牌，引起了国人的深思。

　　以江元勋为主的金骏眉茶人并没有满足现状，而是主动出击，把唤起"一带一路"国家和地区人们对古代丝绸之路以正山小种为代表的中国红茶最广泛的记忆为己任，立志为世界制作最好红茶，重振中国红茶之雄风。

　　在他们的眼里，要做大做强中国红茶产业：一是必须要有全球的视野，要站在全球的高度，跳出区域有限资源的禀赋，通过技术输出整合优质资源，做大做强中国红茶优势品牌；二是要因地制宜，制定国际社会认可、符合中国红茶企业发展的行业标准；三是要把茶叶作为文化产业来运作。茶叶既是饮品，也是文化符号。它是健康的饮料、友谊的纽带、文明的象征，弘扬宣传、推广普及茶文化，有助于提高中国茶的附加值。

　　在这一理念的指导下，金骏眉茶人一是组织力量谱写了《金骏眉》《红茶醉美中国梦》等茶歌，凝练出了金骏眉茶道，组建了正山堂书画院、红茶博物馆，申请成立了中国楹联学会武夷山茶文化交流中心，广泛开展金骏眉诗词、楹联征集、书画、摄影大赛，优秀作品巡回展，新春佳节对联大赠送，茶与旅游、养生相结合等系列活动，宣传普及、弘扬推广中国茶文化，形成了颇具特色的金骏眉茶文化体系；二是联合中华全国供销合作总社杭州茶叶研究院、武夷山市茶业同业公会、武夷山市茶业局、福建农林大学等单位，制定发布了金骏眉红茶的行业标准；三是通过品牌、技术、市场和文化的输出，融入"一带一路"，研发推出了信阳红、普安红、会稽红、新安红、闽南野生茶、齐儒红、潇湘红、红安红等系列红茶产品，把金骏眉制作技术推向全国，展示了古代丝绸之路上以正山小种为代表的中国红茶的雄风。它带动了区域经济文化的发展。

这种以标准为纽带、技术为指导、质量为生命、品牌为核心、文化为灵魂，旨在从分散到规模、从粗放到规范、从投机到品牌的整合与变革，不仅聚合了各方的力量，获得了更高的平台，形成了促进金骏眉茶产业集群发展的合力；同时，赢得了更为广阔的消费认同，既提升了金骏眉的品牌价值，又促进了武夷山茶产业的转型升级和综合实力的提升。它为区域茶品牌的扩展与提升提供了可借鉴的路径。

相信无需多日，金骏眉就会成为承载中华文化精华，荣耀在"一带一路"上的一张靓丽名片。

目录

总序 — 8   序 — 10   引言 — 13

第一章　世界红茶发源地 — 桐木

一·地理位置特殊 _ 004

二·生态环境优越 _ 006

三·生物资源丰富 _ 008

四·自然景观优美 _ 011

五·世界红茶的发源地 _ 011

六·金骏眉从这里诞生 _ 014

第二章　正山小种与保护区的建立

一·关于正山小种 _ 017

二·中国红茶Black Tea与正山小种茶名的由来 _ 035

三·探秘红茶技术与发现生物宝库 _ 038

四·武夷山国家级自然保护区的建立 _ 041

第三章　金骏眉的诞生

一·什么是金骏眉 _ 047

二·金骏眉研发诞生 _ 052

三·邓林提名创建正山堂 _ 057

四·权威专家对金骏眉品质的鉴定 _ 059

五·金骏眉命名及内涵解读 _ 061

第四章　金骏眉生产加工技术

一·金骏眉生产 _ 067

二·金骏眉加工 _ 086

第五章　金骏眉品质特征及贮藏

一·品质特征 — 101

二·辨别 — 107

三·贮藏 — 114

第六章　品饮金骏眉

一·茶境 — 129

二·茶具 — 134

三·选水 — 140

四·煮汤 — 154

五·品鉴 — 155

第七章　金骏眉红茶文化

一·金骏眉茶艺 — 168

二·金骏眉茶歌 — 174

三·正山堂红茶博物馆 — 175

四·金骏眉茶诗词 — 179

五·金骏眉茶联 — 183

第八章　红茶的保健作用

一·茶是良药 — 187

二·饮茶益寿 — 189

三·红茶药用成分 — 192

四·红茶独特的保健功能 — 196

参考文献 — 203

后记 — 204

第一章 · 世界红茶发源地——桐木

　　我国茶叶经历了由咀嚼鲜叶、生煮羹饮、晒干收藏、蒸青做饼、炒青散茶的发展过程，按制造方法和品质的差异，有绿茶、红茶、青茶、白茶、黄茶、黑茶六大茶类之分。红茶属全发酵茶，在世界各类茶中，销量最大，约占世界茶叶消费及贸易量的85%。

　　红茶有小种红茶、工夫红茶、红碎茶之分。先有小种红茶，后有工夫红茶。小种红茶作为特种茶，由武夷茶派生衍变而成。许多欧美国家的人是喝了武夷茶（Bohea）后，开始了解中国的；也因为有了武夷茶而有了红茶和正山小种的称呼。世纪茶人张天福在为巩志《中国红茶》所作序中说："17世纪，正山小种红茶从其发源地武夷山桐木关走出国门，漂洋过海，在国外就以Black Tea称中国红茶，以Souchong称正山小种。18世纪，国内已演化成工夫红茶Congou，出现了闽红、祁红、滇红、宜红、川红工夫和传统红茶等。众多红茶享誉西欧，扬名世界，乃是中国茶叶走向世界的重要一步。"

　　桐木村位于武夷山国家级自然保护区内，地处闽赣两省交界，是武夷山风景名胜区九曲溪的源头，距市区65千米。全村山林面积31.5万亩❶，人口1 578人，有12个村民小组，33个自然村❷，散落分布在南北长35千米、东西宽25千米的桐木大峡谷断裂带内。辖区内有始建于明正统年间、近600年历史的双泉寺，以及建于1990年、占地面积1 673米^2、

---

❶ 亩为非法定计量单位，15亩＝1公顷。下同。——编者注
❷ 桐木村．2017.武夷山市星村镇桐木村统计年报【R】.

桐木关　李少玲-摄

内有各类珍稀生物标本 1 000 余件的武夷山自然博物馆。2009 年全村有茶园 6 806 亩，占星村镇茶园总面积的 14.3%，占保护区内茶园总面积的 85.08%。其中菜茶 3 653 亩，占 53.67%；水仙 3 146 亩，占 46.23%；肉桂 7 亩，占 0.1%。❶有 347 户农民种茶，占全村农民总户数的 88%；2016 年全村茶叶生产总值超 4 亿元，人均茶叶纯收入 10 万元。

一　地理位置特殊

桐木村纬度较低，海拔较高，山峦重叠，山势高峻，群山林立，坡度一般为 75°～80°，落差极为悬殊，最高处与最低处相差逾 1 700 米；溪流侵蚀，深度可达 500 米以上，地形十分复杂，平均海拔 800 米。境内黄岗山主峰海拔 2 157.8 米，是整个华东地区的最高山峰，被誉为"华东屋脊""武夷支柱"。桐木关是武夷山脉断裂垭口，海拔高度 1 100 米，闽赣古道贯穿其间，系古代交通与军事要地，为武夷山八大雄关之一。立关北望，可见两侧高山耸峙入云，V 形的大峡谷犹如一道天堑，直向江西铅山县延伸。这是地质活动造成的桐木关断裂带，为我国著名断裂带之一，景致极为雄奇壮观。

在黄岗山东南坡，海拔高度超过 2 000

---

❶ 江书华.2009.武夷山市茶叶资源普查报告【R】.

米的山峰有 8 座，超过 1 500 米的山峰有 112 座。 山脉呈东北—西南走向。 这种地势，在冬季，对南下的冷空气和寒潮起着一定的屏障作用；在夏季，对来自海洋的暖湿气流有显著的阻挡作用。 桐木村位于武夷山脉的东南坡，降水充沛，相对湿度大，气候温暖湿润。 年平均气温 12 ～ 18℃，无霜期 235 ～ 272 天，全年 ≥ 10℃ 的有效活动积温为 3 500 ～ 4 000℃；年降水量一般为 1 486 ～ 2 150 毫米，相对湿度平均在 78% ～ 84%，全年雾日长达 120 天。 具有年均气温低、四季温度变幅小、中午热、早晚凉、昼夜温差大、雾日长、漫射光多、紫外线强，小气候明显的特点，十分有利于茶树的生长。

二 生态环境优越

桐木村属典型亚热带季风湿润气候，植被发育状况最为良好，且保存完整。我国已故著名茶叶专家、原国家茶叶质检中心主任骆少君女士称："如今，在我国能保存这么一块未受污染的世界环境保护的典范，是茶界的福气。"

天然植被好

未遭受第四纪冰川侵袭，森林覆盖率高达 96.3%，常绿阔叶林带、针阔混交林带、针叶林带、山地矮曲林带、山地草甸五个植被类型带在这里依次分布。

从现存的一些珍稀孑遗植物，如银杏、南方铁杉、香榧等古遗树种看，有的树龄已在 5 000 年以上，有的胸径在 15 米以上。这些树种，在第三纪及以前，曾广泛分布于北半球各地，第四纪冰川时期大多被毁，只有部分在我国一定的地理环境下得以保存。据科学考察，目前在武夷山国家级自然保护区内生长的古遗植物有 50 多种，故武夷山又有"第三纪及以前古植物避难所"之誉。

负氧离子多

空气中负氧离子的含量，是国际上评价一个地方空气质量好坏的重要指标。正常情况下，空气中负氧离子的含量在 700 个／厘米^3 以上，就会让人感到空气清新，有益人体健康。武夷山由于植被丰富，生态环境好，负氧离子含量高。2002 年 5 月，中国森林旅游资源和开发建设委员会、中南林业大学森林旅游研究中心等单位的专业技术人员对武夷山空气质量进行监测，负氧离子含量平均为 10 000 个／厘米^3，超正常值 13 倍。

● 秋之润

桐木村的桃源谷负氧离子含量竟高达 112 000 个／厘米 ^{3}，有"天然氧吧"之称。

土壤肥力高

　　桐木村土壤属山地黄壤和山地黄红壤。pH 在 4.5 ～ 5，呈酸性；土层厚度一般在 30 ～ 90 厘米，由高海拔向低海拔呈逐渐递增状态。该地带土壤肥沃，土质疏松，呈团粒结构，排水性能好。其土壤养分的高低随海拔的降低而减少。1993 年杨式雄等人关于武夷山土壤酶活性垂直分布与土壤肥力关系的研究表明，土壤养分高低的顺序是：山地草甸土＞山地黄壤＞山地黄红壤＞山地红壤。海拔 750 ～ 1 800 米地带，0 ～ 20 厘米表土层有机质含量为 5.04% ～ 8.36%，全氮含量为 0.346% ～ 0.562%，速效钾含量为 132.1 ～ 150.6 毫克／千克，速效磷含量为 14.32 ～ 17.16 毫克／千克；腐

殖质含量占全土的 1% ～ 4%。❶ 养分齐全，自然肥
力高。

生物链协调

　　由于保护区内保有完好的森林生态系统，这里
形成了协调的生物链，各种生物相互依存、相互制
约、高度制衡，没有出现病虫害成灾的现象。而在
保护区外由于大量采伐天然林，大面积营造人工纯
林，林相结构十分单一，许多生物因失去赖以生存
的自然条件而灭亡，以致产生大面积的森林病虫害。
如前些年，保护区外频发的马尾松松毛虫灾害面积
达数万亩，有些年份甚至还越县、跨区、出省蔓延
几十万亩，以致不得不动用飞机进行灭虫。

　　就茶树生长而言，良好的森林生态系统造就
了昆虫种类的多样性，为茶园构筑了"天然的保护
屏"。福建省有关科研人员在桐木茶园进行的病虫
害试验研究表明：区域内茶树害虫有 50 种，而天敌
就有 72 种。许多茶树害虫在这里都有天敌，制衡性
高。因此，无需使用农药，就能保证茶树良好生长。
这种特有的生态环境优势，是其他很多茶区无法比
拟的。

三　生物资源丰富

　　桐木村地处武夷山国家级自然保护区内，生物

🍃 花溪

🍃 幸福之家

---

❶ 杨式雄，等.2009.福建武夷山国家级自然保护区管理局论文集【C】.福建：武夷
山：101-105.

▇ 探海

资源十分丰富，有"世界生物之窗""鸟的天堂""蛇的王国"和"昆虫世界"之称。一百多年来，中外生物学家已先后在此发现 1 000 多种生物新种（包括新亚种模式标本）。中华人民共和国成立后，中国科学院的有关研究所、部分省市的高等院校及有关研究单位都相继来此采集生物标本，进行科学考察。

生物资源

已知的维管束植物有 198 科，798 属，1 904 种，48 变种。其中，种子植物 152 科，773 属，1 536 种，41 变种。竹子种类 22 属，166 种，占我国竹子种类的 50% 以上，是我国和世界竹类起源中心之一。拥有 28 种濒危、渐危植物，20 种国家重点保护植物。❶

---

❶ 武夷山市志编纂委员会，1994.武夷山市志【M】.北京：中国统计出版社：131-135.

动物资源

有哺乳动物 24 科，46 属，100 多种，占全国同类动物总数的 1/4。 鸟类约 400 余种，占全国总数的近 1/3，仅在挂墩地区就有 160 余种，集中了整个保护区鸟类总数的 1/3 以上。 其中，有 40 余种为保护区所发现的新种，如白鹇、黄嘴角鸮、竹啄木鸟、挂墩鸦雀、白额山鹧鸪等；白背啄木鸟、橙背鸦雀、赤尾噪鹛、滇绿鹛等为挂墩特有种。 有两栖和爬行动物约 100 余种，其中，崇安髭蟾、蝾螈、三港雨蛙、大头平胸龟、丽棘蜥等均为世界罕见的特有种。 已知的蛇类有 61 种，占全国蛇类总数的 37%，其中，我国特产的剧毒五步蛇估计不下 50 万条。 鱼类也有 30 余种。 昆虫的丰富程度是我国其他地区少有的，全国昆虫 32 个目，保护区采集到的就占 31 目、240 科、20 000 多种，而大竹岚一带已发现的昆虫达 300 多个科，占全国昆虫总科数的 1/3。 有国家重点保护的珍稀动物 57 种，如黄腹角雉、金斑喙凤蝶等，国际候鸟保护网的动物有 101 种；1978 年还发现过濒临灭绝物种华南虎的踪迹。❶

茶树资源

武夷山国家级自然保护区得天独厚的自然生态环境，是茶树赖以生存的基础。这里茶树品种丰富，现已查明的山茶科植物有 10 属 35 种。❷2007 年 5 月 17 日，全国供销合作总社杭州茶叶研究院、福建省茶叶学会、福建武夷山国家级自然保护区管理局、武夷山市一堂茶叶有限公司骆少君、周玉璠、邹新球、刘德荣、叶兴渭、汤鸣绍、付锐英、叶常春等人，根据建阳市黄坑镇坳头村提供的线索，组成考察组，对位于保护区内海拔 1 600 米平坑顶上的两株古茶树进行了实地考察，确定距今已有 300 多年的历史。

桐木现有的茶树品种多属有性繁殖群体。 这些群体经过长期的自然授粉杂交，

---

❶ 武夷山市志编纂委员会, 1994.武夷山市志【M】.北京：中国统计出版社：131-135.

❷ 肖天喜, 2008.武夷茶经【M】.北京：科技出版社：23-28.

福建省茶树优异种质资源保护区

不断分离，呈现多样性，演变出许多优良单株，具有茶多酚、咖啡因含量低，氨基酸含量高的特点。仅以叶形为准，就有武夷菜茶代表种、小圆叶种、瓜子叶种、长叶种、小长叶种、水仙形种、阔叶种、圆叶种和苦瓜种9种类型，现已列入福建省茶树优异种质资源保护区加以保护。

四　自然景观优美

桐木境内山峦起伏，深山古木，山环水绕，溪流纵横，清泉、飞瀑、山涧随处可见，终日云雾弥漫，缭绕如幻，孕育灵气。步移景换，令人流连忘返。黄岗山上的云雾更是千姿百态，风情万种，变幻莫测。时而波涛浩瀚为海，时而朦胧缥缈如纱，"千山烟霭中，万象鸿蒙里"。置身其间，如入蓬莱方丈、太虚幻境，令人浮想联翩。

五　世界红茶的发源地

世界红茶起源于中国，原产地在武夷山桐木。桐木小种红茶自明末清初出现以来，至今已有400多年的历史。它品质优秀，口味独特，1610年进入欧洲；1640年输入英国，直接影响了英国"下午茶"的产生。

原中国农业科学院茶叶研究所所长、中国茶叶学会理事长程启坤研究认为："在

● 金骏眉红茶研发人江元勋讲述正山小种红茶的创始

茶叶制造发展过程中，发现日晒代替杀青，揉后叶色红变而产生红茶。最早的红茶生产是从福建崇安的小种红茶开始的"，"自星村小种红茶创造以后，逐渐演变产生了工夫红茶"。

　　星村镇桐木村东北5 000米处的江墩、庙湾自然村，是历史上正山小种红茶的原产地和中心产区。江墩因江姓而名。江姓自宋末由河南固始入闽，后迁居江墩，至今已有400多年的历史。江氏家族世代经营茶叶，有"茶业世家"之称。据其第二十四代传人江元勋先生讲述：

　　　　约在明末，时值采茶季节，北方军队路过庙湾强行驻扎茶坊，睡在工厂，耽搁了茶青及时处理的时间。江公心急如焚，这可是一家的生计所在啊！待官兵开拔后，茶青已发红。江公急中生智，组织家人赶忙把茶叶搓揉后，用当地盛产的马尾松柴块烘干。烘干的茶叶呈乌黑油润状，并带有一股松脂香味。因当地一直习惯喝绿茶，不愿饮用这另类茶。于是，便把烘好的茶挑到距庙湾45公里外的星村茶市贱卖。没想到第二年便有人给2～3倍的价钱定购该茶，并预付银两。之后，红茶便越做越兴旺。

　　关于红茶起源的这一传说，已于1992年载入由中国工程院院士陈宗懋主编的

《中国茶经》一书。庙湾现立有由茶界泰斗张天福先生题写的"正山小种发源地"石刻。

红茶的对外传播发展，是从桐木核心区向外围，从正山向外山，从周边县市向省内，从省内向省外扩散，逐步发展起来的。

清代刘靖在《片刻余闲集》中记述："山之第九曲处有星村镇，为行家萃聚。外有本省邵武、江西广信等处所产之茶，黑色红汤，土名'江西乌'，皆私售于星村各行。"当代茶圣吴觉农所著《茶经述评》详细记载了红茶的传播："其传播的主要路线，可能是先由崇安传到江西铅山的河口镇，再由河口镇传到修水，后又传到景德镇，后来又由景德镇传到安徽的东至，最后才传到祁门。"

后来，我国红茶品种不断增多，除江西的河红、安徽的祁红，主要还有江西的

宁红、福建的闽红、云南的滇红、湖北的宜红、湖南的湖红、广东的英红、浙江的越红、江苏的苏红等。20 世纪 50 年代末，我国开始试制红碎茶。

六 金骏眉从这里诞生

正山堂江氏先祖始创红茶，开创了世界红茶之源，名"正山小种"，被公认为红茶鼻祖；后流传于世，方才有红茶漂洋过海而成世界统饮名茶。因红茶的兴盛，方渐兴影响世人生活的下午茶风尚。

2005 年，在正山小种第二十四代传人江元勋先生的带领下，武夷茶人颠覆传统红茶制作工艺，用单个芽尖，研究创制出了中国首泡极品红茶——金骏眉。它的突破与创新，开启了中国红茶的业界传奇，创造出了红茶乃至整个茶行业的新高度。不但填补了中国长期以来没有高端红茶的空白，更引发了国内的红茶热，为中国红茶的再度崛起做出了贡献。如今，金骏眉已成为中国红茶卓越品质的代表和象征。

第二章 · 正山小种与保护区的建立

有世界公认"生物之窗"美誉的武夷山国家级自然保护区，是1979年7月3日经国务院批准正式成立的我国第一个国家级自然保护区。它位于武夷山脉北部最高段，北纬27°35′～27°55′、东经117°24′～117°53′之间。地处福建省武夷山、建阳、光泽三市（县）境内，与邵武市和江西省铅山县毗邻，总面积56 527.4公顷，平均海拔1 200米，是福建省目前最大的自然保护区。1987年，被联合国教育、科学及文化组织"人与生物圈"国际协调理事会接纳为"世界生物圈"保护区；1999年被列入世界自然与文化双遗产名录，成为全国唯一一个既是"世界生物圈"保护区又是"世界自然与文化遗产"保护地的保护区。它的建立，与桐木小种红茶的产生和中国茶叶对外贸易的兴起繁荣，有着密不可分的联系。

一　关于正山小种

　　正山小种红茶在初期称小种红茶，是中国最早入欧的茶，被荷兰人、英国人誉为"史王茶"。它外形条索肥实，色泽乌润，泡水后汤色红浓，香气高长带松烟香，滋味醇厚，带有桂圆汤味。加入牛奶后，茶香味不减，形成糖浆状奶茶，液色更加绚丽，深受欧美消费者的喜爱。

　　威廉·乌克斯在《茶叶全书》中记载，武夷正山小种为红茶中的珍品，作为拼配之用，"法国——一种寻常品质之拼和红茶所用只是中国茶，其组合成分为15份良好中国之正山小种红茶，3份华南红茶及2份武宁红茶"。

日本红茶品饮专家高野健次对武夷正山小种红茶是这样评价的："拉普山（武夷山）小种红茶，以福建省为大本营。茶叶呈黑色，叶片较大，只经过轻度的揉捻。气味乍闻之下近似'征露丸'（日本一种茶名），实际上这个味道是用松木当燃料去烘干茶叶时所得到的熏香，而在烘干后再次进行干燥，就完成了所谓拉普山小种的制作。当您在自行调制时，可以在印度或锡兰茶里面加入少许的拉普山小种，您就能享受到它独特的气味。"

外国人眼中的武夷红茶

外国人知道中国茶，始于欧洲人。早先的茶叶都是从荷兰和葡萄牙转口输入；输入的茶叶来自福建厦门港，"茶"字的英语发音，就是以厦门方言称茶为"Tea"。光绪时期以前出口的茶叶，基本是武夷红茶，以致一些欧洲国家把中国茶叶概称为"中国武夷（Bohea）"或"红茶（Black Tea）"。

外国人对武夷红茶的崇敬可以用"膜拜"和"礼赞"四字加以形容。

威廉·乌克斯《茶叶全书》记载：1607年，荷兰东印度公司首次从中国岭南的澳门采购武夷红茶，经爪哇转口销售至欧洲。当时欧洲的茶叶市场主要是日本的绿茶，武夷红茶因味香醇厚而压群茗。因此，武夷红茶很快就占领了欧洲的茶叶市场。以后，英国人也到福建厦门采购武夷红茶，迅速风靡英伦三岛。这是对中国茶叶出口的最早记录。

16世纪中叶，威尼斯作家G.拉姆西奥（Ramusio）及葡萄牙人加斯博·克鲁兹（Gasper Da Cruz）首次把中国茶作为珍贵饮料，并以文字形式传到欧洲。不久，在法国也奏起了茶之歌，1653年法国神父亚历山大·鲁德（Alexander de Khodes）《传教士旅行记》出版，该书较详细地叙述道："中国人之健康与长寿，当归功于茶，此乃东方所常用之饮品。"随后，法国著名作家帕蒂发表了题为《中国茶》的长诗，誉茶为与圣酒、仙药相媲美的神草，从而激发了欧洲人对中国茶的向往与追求。

《崇安县新志》云："英吉利人云，武夷茶色红如玛瑙，质之佳过印度、锡兰远甚，凡以武夷茶待客者，客必起立致敬。"足见武夷红茶在当时上流社会备受青睐的程度。

英国人亲切地把茶叶称为"香草"，上至贵族，下至平民，都十分钟爱红茶。武夷红茶进入英国，最初是在伦敦一家叫加威的咖啡馆，向市民出售，价格高达6～10英镑，其销售海报中说："质地温和，四季皆宜，饮品卫生、健康，有延年益寿之功效。"1658年9月23日，伦敦《政治公报》在一则广告中说："中国的茶，是一切医士们推崇赞赏的优良饮料，在伦敦皇家交易所附近的斯威汀兰茨街'苏丹王妃'咖啡店内有货出售。"

1662年葡萄牙公主凯瑟琳嫁给英国国王查理二世，武夷红茶也随之进入英国皇室。从此，喝武夷红茶成了皇室家庭生活的一部分。随后，安妮女王提倡以茶代酒，把饮用红茶引入上流社会，武夷红茶开始在英国及其他西方国家流行。

凯瑟琳皇后虽不是英国饮用武夷红茶的第一人，但却是引领英国宫廷和贵族饮用红茶风尚的开创者。她宠茶、爱茶、嗜茶，被世人称为"饮茶皇后"。当时，震惊英伦的"红茶案"，就是由武夷红茶引发的。相传葡萄牙公主凯瑟琳在嫁给英国国

● "饮茶皇后"凯瑟琳

王查理二世的盛大婚礼上，频频举起盛满红汁液的高脚杯，回谢王公贵族们的祝贺。高脚杯里的红汁液到底是什么？参加婚礼的法国皇后为了解这秘密，派卫士潜入皇后寝宫，卫士探得皇后天天饮用的小碎叶是中国武夷红茶，决意偷点回去献给法国皇后，不料被英国宫廷卫士当场捉住。法国卫士说出了潜入皇宫的动机，为的是探听红茶的秘密，后被处死。它使中国红茶一下在英国家喻户晓。

人类学家艾伦·麦克法兰等在所著《绿色黄金》一书中认为："茶叶创造了英国，并使英国成为世界上最大的帝国。"1660 年英国开始征收饮茶税，1689 开始征收茶叶关税，1768—1772 年按原价的 64% 征收关税，1773—1777 年平均关税为 106%，1783 年关税达 114%，最高年份（1784 年）关税竟达 119%，遂有"掷银三块，饮茶一盅"之说。其后为抵制茶叶走私，茶叶关税从 119% 降到 12.5%，这带来了英国茶叶消费的大繁荣，为英国获取了巨大的经济利益。据研究，从 1815 年起，英国东印度公司每年在茶叶贸易中的获利都在 100 万英镑以上，占其商业总利润的 90%，提供了英国国库全部收入的 10%。

1795 年戴维斯在《农工状况》中说："在恶劣的天气与艰苦的生活条件下，麦芽酒昂贵，牛奶又喝不起，唯一能为他们软化干面包的就是茶。"英国人诺顿说：
"喝正山小种红茶胜过饮人参汤。"朱自振在《我国茶馆的由来和红茶之始》中描述
说："在清代中后期我国茶叶出口的鼎盛阶段，红茶成为我国输英和向西方各国输
出的主要茶类；在红茶中，'武夷茶'成为'武夷红茶'的专名和中国出口茶叶中
最受欧美欢迎的抢手商品。有一个时期，只要东印度公司运输茶叶的船只一到伦
敦，不日，伦敦街头就能听到一声声'武夷茶，先生，新到的武夷茶'的叫喊声。"

诗人拜伦喝过红茶后，在他的长诗《唐瑛》中写道："我觉得我的心儿变得那么
富于同情，我一定要去求助于武夷的红茶。"

1711 年，英国诗人亚历山大·蒲柏（Alexander Pope）将赞美武夷红茶的心情
写成诗：

佛坛上银灯发着光，

中国瓷器里热气潮漾。

赤色炎焰正烧着辉煌，

突然地充满了雅味芳香。

银茶壶泄出火一般的汤，

这美妙的茶话会真闹忙！

1725 年，爱德华·杨(Edward Yung)作诗描述美女品饮武夷红茶的情景：

鲜红的嘴唇，

激起了和风；

吹冷了武夷茶，

吹暖了情郎，

大地也惊喜了。

法国著名作家巴尔扎克对中国武夷红茶的崇拜，更是达到了神乎其神、无以复
加的地步。有一天，巴尔扎克招待亲朋好友，神情庄严地端出一个雅致的木匣，小

心翼翼地从木匣里取出一只绣着"九叠纹"汉字的黄绫绸包，一层一层地打开绸布，拿出一小杯金黄色的优质红茶。"诸位，这是中国某地的特产极品茶，一年仅产几百克，专供大清皇帝享用。"巴尔扎克神秘地说，"采茶必须在日出前，由一群妙龄少女采摘和加工制作，并且一路歌舞送到皇帝御前。"宾客们听得如痴如醉。"大清皇帝舍不得独饮，馈赠了几十克给俄国沙皇。途中武装护送，以防歹徒劫掠，好不容易才到沙皇手上。"巴尔扎克越讲越神秘，"沙皇再分赐给诸位大臣和外国使节。我通过法国驻俄国使节，几经辗转才搞到这一丁点儿。""啊哟，好名贵呀！"宾客们听得目瞪口呆，啧啧称奇。巴尔扎克继续滔滔不绝地说："别看它茶少，但有神效，绝不可放怀畅饮。假如连喝三杯，必盲一目；连饮六杯，则双目失明……"说得宾客们将信将疑，俯首帖耳，不敢多喝一口。巴尔扎克手中的红茶，就是产于武夷山桐木关的武夷红茶。

"一切东方人，心里乐开了花，骆驼驮来了——武夷红茶。"这是俄国著名诗人马雅可夫斯基对武夷红茶的赞美。

《武夷山市志》（1994 年，中国统计出版社）载：明崇祯十一年（1638），俄国大使斯塔尔科在恰克图以貂皮、麝香等物，从蒙古商人门塞手中换得武夷茶 32 千克带回彼得堡，献给沙皇，从此沙皇及朝廷贵族便爱上了武夷茶。随后，俄国就从中国进口茶叶。清康熙三年（1664），俄国商人向英国国王送了 1 普特❶中国武夷红茶，受到皇室的青睐。1745 年 1 月 11 日，瑞典哥德堡号从广州启程回国，在距离家乡大约 900 米的海面上触礁沉没，损失惨重。后来，人们从船上捞起 30 吨茶叶（大部分是武夷红茶）、80 匹丝绸和大量瓷器，在市场上拍卖后竟然足够支付"哥德堡号"广州之旅的全部成本，甚至有所获利。

武夷红茶对外贸易的兴起与发展

明末清初是我国茶叶开始向世界传播的重要年代。先是由荷兰人直接从中国运茶回国；1618 年，英国首先将东方所产之茶运往西欧，开创了中国茶向世界传播之

---

❶ 普特为沙皇时期俄国的主要计量单位之一，是重量单位，1 普特≈16.38 千克。下同。——编者注

先河。1650 年，茶叶由荷兰人贩运至北美。作为商品输出，茶叶在这一时期的数量极为有限，尚未流行。《清代通史》记载："康熙二十三年，东印度公司通知英商云：现时茶已通行，望每年购上好新茶五六箱运来，盖此仅作馈赠之用。"

《武夷正山小种红茶》："早期的伦敦市场只有武夷红茶，别无其他茶类。"武夷红茶作为东方的一种珍奇物产，价格昂贵异常，在当时只有宫廷贵族、商人等上流社会人士才能享用得起。威廉·乌克斯《茶叶全书》载："最初茶叶只能从中国购办，系一种极名贵之物品，在馈赠帝皇、王公及贵族之礼物当中，偶而可以发现此种世界之珍宝。"武夷山国家级自然保护区原党委书记、林业高级工程师邹新球先生研究推算认为：17 世纪末，荷兰、英国两个国家年进口量约 3 万磅，折合中国计量单位约为 27 220 斤❶，只相当于 750 亩茶山的生产量。

17 世纪中叶后，中国茶叶开始进入直接输出时期。特别是 1684 年清政府正式取消海禁，外国船舶可直接停靠厦门港进行贸易，加快了武夷红茶的对外贸易。1689 年英属东印度公司直接从厦门将武夷红茶运往伦敦；同年，中俄签订《尼布楚条约》，1753 年开通华茶陆路输俄；1784 年美国"中国皇后号"商船首航中国，从厦门运回武夷红茶等物品。

据《中英早期茶叶贸易》统计：在 18 世纪的前 50 年，英国年均进口中国红茶65.56 万斤，是 17 世纪末最后五年年均进口量的 76 倍。18 世纪的后 50 年，武夷红茶出口量较前 50 年大幅增加，1792 年达 1 560 万斤，占当年华茶出口总量的 85%，是 17 世纪末年均出口量的 815 倍；以当年每担出口价 30 两银计，这年武夷红茶的出口值达 468 万两白银，独统天下。

19 世纪是中国红茶迅猛发展的时期，武夷红茶亦于 19 世纪中叶达到鼎盛。1838年仅自广州口岸出口的武夷茶就达 3 000 万斤；以当时红茶平均出口 80% 的比例计算，武夷红茶占 2 400 万斤，这是武夷红茶贸易史上最为辉煌的时期。据史料记载，这期间武夷山桐木村正山范围内，以茶为厂（户）的有六七百户，每年生产正山小种红茶 3 000 多万斤，大小茶庄、茶行约有二三十家，茶树种植如火如荼，每年茶季由江西到武夷山来的采茶、制茶工人，超过万人，武夷山"商贾云集，穷岸僻径，人迹

---

❶ 斤为非法定计量单位，1 斤＝0.5 千克。下同。——编者注

络绎，哄然成市矣"。

19 世纪末，武夷红茶由盛转衰。一是 19 世纪初，由于红茶需求急剧扩大，一些绿茶产区也开始改制红茶，先后出现了江西、湖南、湖北红茶产区，接着 19 世纪 70 年代安徽祁门红茶产区出现，各地都创出自己的品牌。自此，武夷红茶为中国红茶总称的地位跌落，在中国外销红茶中的比例不断下滑，影响力逐渐降低。二是 19 世纪 60 年代，由于小种红茶制法繁杂，费时费工，各产区逐渐改进，简化加工步骤，创造了工夫红茶。随后闽东红茶产区崛起，不仅产量超过闽北，而且在质量上也有提高。工夫红茶的出现，标志着武夷红茶在省内的影响力逐渐降低。三是印度、锡兰（今斯里兰卡）红茶的崛起对武夷红茶产生冲击。印锡出产的红茶，初期成本高昂，茶质不佳，很难打开局面。但由于印锡茶业几乎为英国人经营，实为英国茶业。而英商掌握着市场，控制着外销大权，由于华茶对外销的依赖，英商一方面肆意压低茶价，另一方面，英国对华实行歧视性关税，打击华茶。在国内，清政府腐败无能，苛捐杂税加重茶农负担。内忧外患下的国内茶业以小农经济落后的生产方式与大规模先进的资本主义生产方式竞争，华茶的衰败是不可避免的。仅 60 年的时间，印度红茶输出便在 1900 年首次超过华茶，结束了 300 多年来华茶的垄断地位。此后锡兰急起直追，1917 年锡兰超过中国成为世界第二大茶叶输出国，最多的一年（1920 年）锡兰茶输出量竟是华茶输出量的 4.5 倍。1918 年爪哇位列中国之上，成为世界茶叶输出国三大巨头之一。1918 年，印茶输出量是

● 最早的茶叶贸易合同

华茶输出量的 6 倍，占世界茶叶总输出的 45.89%，而华茶仅占 7.57%。

19 世纪一连串重大事件带来的影响，便是武夷红茶生产在 20 世纪后半期的快速跌落。虽然 19 世纪 80 年代中国红茶外销达到鼎盛，但茶价从 70 年代起便日益跌落。光绪中期"福州茶商多至亏本"，1887 年福州附近 100 斤袋茶售价只有 7～8 元，尚不够工钱。1889 年最为亏本，许多人完全破产。光绪末年，闽北茶区"多有枯枝，蔓草荒芜，人懒芟除，隙地之处，兼栽番薯"，"茶园十荒其八"。

关于正山小种红茶的产量，在《武夷山市志》中有多次记载：

> 清光绪六年 (1880)：桐木红茶 (包括正山小种)，15 万千克
>
> 民国三年 (1914)：数万千克
>
> 民国五年 (1916)：2.5 万千克
>
> 民国二十八年 (1939)：4 万千克
>
> 民国三十年 (1941)：0.05 万千克
>
> 民国三十六年 (1947)：1.25 万千克
>
> 民国三十七年 (1948)：0.15 万千克

由此可见，由光绪入民国，武夷红茶产量大幅跌落，其在茶叶市场的影响力日渐低微。新中国成立后，正山小种红茶的生产逐渐得到恢复。1992 年，桐木村正山小种红茶年生产量已达 20.5 万千克，且全部出口。进入 21 世纪，武夷山的知名度越来越大，和世界各国的交往愈来愈频繁，历史名茶武夷正山小种又声名鹊起。据武夷山市茶叶资源普查的结果，2009 年，桐木村茶园已达 6 806 亩，年产正山小种干毛茶 29.56 万千克，超历史最高水平。

武夷红茶在世界权力结构变化中的角色

武夷红茶由荷兰人几乎同时传入英国、法国、德国等西方国家。英

国人赋予武夷红茶优雅的形象，在长期品饮的进程中形成了独特华美的品饮方式，演绎出了内涵丰富的红茶文化，同时通过殖民活动，向世界更大范围传播，使红茶成为国际性饮料。这不但从根本上改变了人类的生活方式，而且还影响了世界的经济和文化，并在世界权力格局变化中扮演了重要角色。英国因为茶与荷兰发生了多次战争，成为"日不落帝国"；美国借助茶，爆发了独立战争，崛起为世界霸主；清政府由于茶间接引发了鸦片战争，进而走向衰败。

1. 英荷战争

荷兰原是西班牙的属地，1609 年才彻底独立。独立后的荷兰利用西班牙衰落和英国忙于内战之机，迅速发展经济，并垄断了世界贸易。

荷兰造船业极负盛名，仅在首都阿姆斯特丹就有几十家造船厂，全国可同时开工建造几百艘船只，其造价要比技术先进的英国低三分之一到二分之一。所以，荷兰很快成为欧洲的造船中心。那时，世界各国间的贸易交往主要依靠海上交通。荷兰商船队拥有 1.6 万余艘船只，占欧洲商船总吨位的四分之三，占世界运输船只的三分之一，德意志的酒类、法国的手工业品、西班牙的水果和殖民地的产品，均由荷兰运往北欧，且荷兰完全垄断了世界的茶叶贸易，被称为"海上马车夫"。

茶叶由荷兰人带去欧洲，传入英国，品茶成为时尚。由于需求量的大幅度提升以及茶叶贸易诱人的利润，英国于 1651 年通过了《航海条例》，规定："一切输入英国的货物，必须由英国船只载运，或由实际产地的船只运到英国。"荷兰反对英国的《航海条例》，英国拒绝废除《航海条例》，两国矛盾空前激化，导致了英荷海上大战。

1652 年 5 月，两国舰队在多佛海峡发生冲突，7 月 8 日正式宣战。英国海军封锁了多佛海峡和北海，拦截荷兰商船，荷兰则组织舰队护航；双方海战逐渐由封锁反封锁的贸易战，发展为主力舰队间争夺制海权的决战。1653 年 8 月，荷兰集中海军力量与英国决战落败，英国控制了制海权，使依赖贸易生存的荷兰经济瘫痪。

1654 年 4 月，两国签订《威斯敏斯特和约》，荷兰承认英国在海上的霸主地位。这场战争打破了荷兰海上茶叶贸易的垄断权，使英国茶叶的进口量得以不断增加。

为争夺海外殖民地，1664—1667 年英国与荷兰再度爆发战争。1664 年英军攻占北美的新阿姆斯特丹，改名纽约。荷兰立即进行反击，同年 8 月，攻占被英军占领的西非据点。1665 年 6 月，两国再次开战，英国舰队随后在洛斯托夫特海战中重创荷兰舰队，法国、丹麦与荷兰结成反英同盟。

　　1666 年 5 月，经过修整恢复的荷兰舰队击败了英国舰队，8 月荷兰舰队进入泰晤士河攻打伦敦，遭到英国岸炮和海军的联合打击，英国重获制海权。同年 9 月 10 日，伦敦发生大火，城市大部遭焚毁，无力继续战争，试图与荷兰和谈。荷兰舰队趁机于次年 6 月 19 日进入泰晤士河偷袭了伦敦，歼灭了驻泰晤士河的英国舰队，破坏了船厂，并封锁了泰晤士河口。1667 年 7 月，英国被迫签订《布雷达和约》，在贸易权上做出了让步，并重新划定了海外殖民地。

　　1672 年 5 月，英法联合对荷兰宣战，分别从陆地和海上发动进攻。荷兰无法抵挡法军进攻，被迫掘开海堤淹没国土，才使法军撤退。1673 年 3 月，荷兰海军击退英国舰队。6 月英法联合舰队与荷兰进行了两次斯库内维尔德海战，8 月法国退出战争，英荷都无力继续战争，于 1674 年 2 月签订《威斯敏斯特和约》，第三次英荷战争结束。

　　英国通过多次战争耗尽了荷兰的贸易和海军实力，夺取了海上霸主地位，建立了海权—贸易—殖民地的帝国主义模式。从此，国际茶叶贸易改由英国垄断。英国对国际茶叶的垄断主要是通过支持、授予东印度公司的茶叶专营权和征收高额茶叶关税来牟取暴利的。

　　英国东印度公司是由英国政府特许设立的对东方（主要是对印度、中国）经营垄断贸易、进行殖民掠夺的组织，且拥有军队。茶叶是英国东印度公司最大宗、最能赚钱的生意。马克思在《资本论》中说，这个公司"除了在东印度拥有政治统治外，还拥有茶叶贸易、同中国贸易和对欧洲往来货运的垄断权"。据统计，1760—1774年，英国东印度公司从中国输出了价值近 300 万两白银的茶叶，超过其贸易总额的80%，每年创造的利润达 150 多万英镑。

　　英国东印度公司设立于 1600 年，1669 年被英国政府授予茶叶专营权，1689 年开始从厦门直接进口茶叶，1834 年被取消垄断权，1858 年解散，存在 258 年，真正垄断东方茶叶贸易时间长达 100 多年，富可敌国。日本角山荣在《红茶西传英国始末》

（《中国茶文化》专刊号，1993年4期）中统计："1721—1750年的30年间，英国东印度公司共进口武夷红茶18 828 551磅，平均每年进口627 618磅。"萧致治、徐方平在《中英早期茶叶贸易》（《历史研究》，1994年3期）中统计研究认为："1792年英国东印度公司自华输出红茶156 000担，占当年华茶出口的85%，是前50年平均数的28.8倍。"

2.美国独立战争

英国东印度公司由于有政府授予的茶叶专营垄断权，把从中国获取的茶叶运售国内，同时也销往美洲殖民地，获取暴利。武夷茶被视为"上品"和"救命之品"，从现仍保存在马萨诸塞州历史学图书馆的一份请求准予购茶的特批许可证，便可予以证实。该特许证文曰：

> 查Baxter夫人请求发给购买武夷茶四分之一磅之证明书，鉴于彼之年迈体弱
> 情形，自当不在本会限制之列，特此证明。

美国最早由荷兰人管辖，1664年新阿姆斯特丹城为英军所占领，并改名纽约，承袭了英国人、荷兰人饮茶的习惯。

1773年英国政府通过了《救济东印度公司条例》，明令禁止殖民地贩卖"私茶"。东印度公司因此垄断了北美殖民地的茶叶运销，引起北美殖民地人民的极大愤怒。12月16日寒夜，波士顿革命分子塞缪尔·亚当斯领导的一个由三组、每组50个当地人组成的组织——"自由之子"，打扮成印第安人偷偷摸上三艘船，将英国人带来的价值18 000英镑的342箱茶叶全部倒入海里，这就是著名的"波士顿倾茶事件"（又称"波士顿茶党事件"），它拉开了美国独立战争的序幕。

1776年7月4日，美国宣布独立。独立后的美国花费12万美元，打造了第一艘驶向中国的船只——"中国皇后号"。"中国皇后号"于1784年2月22日起航，经过188天的航行，同年8月28日抵达中国。"中国皇后号"出发前，当时的《纽约时报》在报道中说："由于这个严寒的季节，商业往来已经停滞了很长一段时间。仅

● "太平"号快剪船

仅从观众的表情就可以看出，美国人心底都充满着喜悦之情。"船长格林在接受《独立公报》记者采访时说："这是一个对外交往的里程碑式的航行。虽然前面有许多困难，不得不面对，但这是这个新生的国度开往地球上那个富饶而遥远的地方的第一艘商船。"诗人菲利普·弗兰诺写下了这样一首诗：

从此，芬香的茶叶满载而去

英国的许可不需要再思量

还有镶嵌着金饰的瓷器

制作它们的模子是多么精良

她为我们的国家运回大量商品

足以迎合人们对各种品位的向往

1785年5月15日，满载中国茶叶、丝绸、瓷器的"中国皇后号"回到纽约。在这批货物中，武夷茶 700 箱、2 286 担❶，价值 42 000 美元，占全部货物总价值的一半还多，从此武夷茶直接进入了北美市场。

首次航行的"中国皇后号"，扣除所有费用及一切开支，最终盈利 27 583 美元。随后，"中国皇后号"船只又以 6 250 美元被出售。"中国皇后号"的成功之旅，在美国引发了中国热，并产生了示范效益。之后，美国"试验号""土耳其皇后号""同盟号"接续来中国购买茶叶，获利丰厚。有人做过统计，1784—1790 年就有 14 艘美国船只来到中国。1799 年中国对美茶叶贸易达 33 769 担，1833 年 10 万担，1836 年上升为 20 万担。1890 年之后，美国成了中国的第二大贸易国。

3. 鸦片战争

中国学者余秋雨认为："改变中国历史的'鸦片战争'，其实就是'茶叶战争'；英国人喝中国茶上了瘾，离不开它，由此产生贸易逆差，只能靠贩毒来抵账。"18 世纪中国茶叶贸易的发展，使白银源源不断地流入中国，给大清帝国带来了巨大的财富。根据邹新球先生计算，武夷红茶在 18 世纪出口最高年份为 60 万担，加上其他产区的红茶，年茶叶出口量最高时达到 165 万担，每担按大约可售 30 两白银计算，需支付白银 4 950 万两。另据庄国土先生估算：1700—1823 年，英国东印度公司共输出白银 5 387.5 万两到中国来。1700—1840 年，从欧洲和美国运往中国的白银约 1.7 亿两。

有资料显示，鸦片战争前的 80 年间，仅广州港就有 5 100 多艘外国商船前来交易。他们除在以物易物的置换贸易中获得一些茶叶，大部分需要采用白银购买茶叶，以致驶往中国的外国商船装载的百分之九十都是白银。如 1730 年英国东印度公司有 5 艘商船来华，共载白银 582 112 两，货物只值 13 711 两，白银占 97.7%。《中英早期茶叶贸易》载：1708—1760 年，东印度公司向中国出口白银占对华出口总值的 87.5%。世界百分之八十的白银都聚集在中国，一度出现了不可思议的"钱贵银贱"现象。

---

❶ 担为非法定计量单位，1 担＝50 千克。下同。——编者注

为平衡贸易逆差，英国决定对华输出鸦片。仅 1790—1838 年，就向中国输入价值白银 23 904.5 万两的鸦片。通过鸦片输入，英国人不仅得到了想要的茶叶等物质，还获取了暴利。据《鸦片战争前中英通商史》载：1773—1785 年，英国东印度公司从鸦片贸易中共获利 53.4 万英镑。

鸦片的输入导致中国白银的大量流出，为保住银子，1838 年冬，道光帝派湖广总督林则徐为钦差大臣，赴广东查禁鸦片。林则徐到任后，严行查缴鸦片 2 万余箱，并于虎门海口悉数销毁，打击了英国走私贩的嚣张气焰，同时，也影响到了英国的利益。

为打开中国市场大门，英国政府以此为借口，决定派出远征军侵华，英国国会也通过了对华战争的拨款案。1840 年 6 月，英军舰船 47 艘、陆军 4 000 人，在海军少将懿律、驻华商务监督义律率领下，陆续抵达广东珠江口外，封锁海口，鸦片战争开始。

云南大学茶马古道文化研究中心研究员周重林和世界茶文化交流协会副会长太俊林在所著《茶叶战争》中说："1840 年鸦片战争，在某种意义上，就清朝统治者自身利益而言，是一场茶叶战争。最初的问题是因为茶叶输入英国造成英国白银流失，为了扭转这种贸易逆差，英国才向中国输出鸦片。茶是因，鸦片是果，鸦片的输入又导致中国白银的大量流出，为了保住银子，中国才有了禁烟运动。茶、银、鸦片的循环，最终引发了 1840 年鸦片战争。"战争以中国失败并赔款割地而告终，并签订了中国历史上第一个不平等条约《南京条约》，五口通商，其中福建设了厦门和福州两个口岸，这是英国人最希望得到的。

武夷红茶输出路径的变迁

武夷红茶的输出路径，伴随三次海禁的变化而变迁。

明朝以海疆不靖为名，实行了严厉的海禁，只在广州、泉州、宁波设市舶司。后来为避倭患，又关闭了泉州、宁波的市舶司。清政府建立后，开始时也曾实行严厉的海禁，但随着"三藩之乱"的平定和台湾问题的解决，1685 年解除海禁，设立闽、江、浙、粤四海关，开海贸易。武夷红茶主要由厦门海关直接外销。安徽农业大学教授詹罗九在研究江西河红发展的过程中也认为："这一时期，江西红茶售于崇安星村，以武夷茶经厦门输出。"

乾隆二十年（1755）左右，英国商人"移市入浙"，引起清政府的不安。为抵制外船北上，防范外商、保证税收、利于统治，乾隆下令："对浙海关税收增加一倍"，无果；1757年，清政府宣布关闭闽、江、浙三海关，仅保留粤海关，"嗣后口岸定于广东"，夷船"只许在广东收泊贸易，不得再赴宁波"。于是，粤海关便成为全国通商的唯一海关。全国的进出口商品贸易都由广州一口经营，史称"一口通商"。为适应对外贸易的发展，在广州还成立了专门经营对外贸易的机构——十三行。1762年起，陆路仅开放恰克图一地对俄贸易，这改变了当时中国对外贸易的地点，使得茶叶外销的路径也随之转变为陆路运输和内河运输。

这一时期，武夷红茶和福建其他地方输往广州的红茶，先在崇安（星村、下梅、赤石）集中后，翻越武夷山各关隘进入江西铅山的河口镇，进行加工精制、拼配包装，再用船沿信江西下鄱阳，分两路：南路经鄱阳湖出九江或湖口即进入长江，由鄱阳湖溯赣江而上至大庾，越大庾岭入北江抵广州，由广州十三行办理出口，全程约1 400千米；北路有"万里茶道"之称，据《山西历史地图集》记述：万里茶道"由福建崇安过分水关，入江西铅山县河口镇，顺信江下鄱阳湖，穿湖而出九江口入长江，溯江抵武昌，转汉水至襄樊，贯河南入泽州，经潞安抵平遥，过祁县、太古、忻州、大同、天镇到张家口，贯穿蒙古草原到库伦至恰克图，这是一条重要的茶叶商路"，全长12 000千米，是堪与唐代丝绸之路媲美的国际商路。英、俄等国不少茶商，为了多购武夷红茶，不远万里亲赴河口或武夷山购茶。

江西河口这个在明中期前只有两三户人家的小地方，由于所处独特的地理环境，成为"万里茶路"第一镇。英国商人福钧说："河口是一个繁华的大市镇，茶行林立，全国各地茶商云集于此，英国商人也来此采购河红茶。"清人程鸿益《河口竹枝词》云："狮江妇女趁新茶，鬓影衣香笑语哗。齐向客庄分小票，春葱纤剔冻雷茶。"《中国近代对外贸易史资料》

对此是这样记载的："（明清）河口是一个繁华的大都市，茶行林立，全国各地茶商云集于此，许多茶商就在河口收购茶叶，不再前进了。……中国各地商人都到河口购茶叶，或者把茶叶运往其他各地。"河口九弄十三街，茶栈茶铺栉比林立。"舟车驰百货，茶楮走群商。"自清康熙二十四年（1685）粤海关成立到鸦片战争前的150多年里，尤其是到乾隆二十二年（1757），限定广州一口通商的70多年间，是河红茶大发展和对外贸易的大发展时期。由于红茶始终是中国对英和向西方各国输出的主要茶类，在丰厚利益的驱使下，各地茶区都把红茶作为制销的首要目标。"河帮茶师"因在红茶制作技术和工艺上享有盛名，分赴两湖、安徽等地教制红茶，促进了各地红茶的发展。有人做过统计，如果说整个18世纪欧洲运往中国购买红茶的白银多达1.7亿两，经河口加工后的红茶或经河口转销到欧洲市场的红茶，绝对足有三分之二还要多。据陶德臣统计："在鸦片战争前夕的1838年，自广州出口的武夷茶就达 30 万担。"

鸦片战争后，五口通商，使茶叶的对外贸易格局发生了根本性的变化。武夷红茶逐渐改由厦门、福州等口岸出口；福州沿江往武夷山，水路距离只有 300 多千米。1843 年福州开埠，但 10 年内没有输出武夷红茶。在 1853 年以前武夷红茶仍只走广州线，以后转走上海线。为何放弃通畅便捷的福州口岸不走，而舍近求远呢？

武夷正山小种研究专家邹新球先生研究认为：一是鸦片战争中国失败后，国人反英情绪强烈。认为英国人到中国来主要是为了攫取武夷红茶，应以终止茶叶贸易来对抗。清直隶总督琦善说："（外夷）盖地土坚刚，风日燥热。又日以羊牛肉磨粉为口粮，食之不易消化，大便不通立死。每日食后，此为通肠之圣药。"林则徐说："茶叶大黄，外国所不可一日无也，中国若勒其利，而不恤其害，则夷人何以为生？"

这种以茶为武器的观点，一直是清廷朝野的共识。如曾任两江总督的大臣梁章钜听说英国欲辟福州为商埠，极力反对，上书说："该夷所必需者，中国之茶叶，而崇安所产，尤该夷所醉心。即得福州，则可渐达崇安。此间早传该夷有欲买武夷山之说，诚非无因，若果福州已设码头，则延津一带，必至往来无忌。"道光皇帝曾提出以泉州代替福州，但英国"坚执不从"。

二是依赖负运茶叶及商货的数十万力夫"都害怕在新的通商条约实施和通商口岸开放后，将陷于失业，因此他们发誓坚决反对有损于他们利益的种种措施"。由于从武夷山到福州的茶路与去广州和上海的茶路相比要短得多，这其中可以"免去陆路运费以及在原价以外所附加的内地通过税"，英国人还是下决心要打通这条通路，因此派遣了一些间谍由福州深入武夷山探路。罗伯特·福钧，就是一个披着植物学家外衣的间谍。

经周密部署后，1853 年春，借因上海小刀会起义，武夷红茶到上海的路被阻之机，美国旗昌洋行首先派买办携款深入武夷茶区，收购茶叶经闽江下福州，他们的尝试获得成功。此后，其他商行也照样仿行。武夷茶用小船顺江而下，8 ～ 10 天即可达福州，一时间"福州之南台地方……洋行茶行，密如栉比……"不几年时间里，福州的茶叶出口迅速增加。1856 年以后，就将广州抛在后面，居国内第二，甚至在 1859 年还超越上海，成为驰名世界的茶叶贸易港。

武夷红茶自 1853 年起，改由福州直接出口；1880 年达鼎盛，武夷红茶及这时已出现的工夫红茶共计出口 635 072 担。

二　中国红茶Black Tea与正山小种茶名的由来

武夷茶、武夷红茶、中国红茶三者所表达的茶类是有区别的。

武夷茶：武夷山现在所产各类茶的总称，包括武夷岩茶、红茶（正山小种）和其他类茶。

武夷红茶：17 世纪正山小种红茶传到海外，因产于武夷山，故称 Bohea Tea（武夷茶），专指武夷红茶。

中国红茶：18 世纪之前，国内尚无其他红茶出现，因而武夷山所产红茶（含正山小种），福建省其他地方仿制的红茶都称武夷红茶，同时也是中国红茶的总称。

关于中国红茶 Black Tea 茶名的由来

关于中国红茶茶名的由来，茶文化研究学者巩志先生在其《中国红茶》一书中对此作了全面、深入、准确的研究，现予以转录，以飨读者：

> 红茶的发源地应是福建省武夷山。据当代茶圣吴觉农《茶经述评》第三章《茶的制造》的第三节《制茶工艺和茶类的发展》中说："至于红茶，只有《多能鄙事》曾有'红茶'的记载，但由于《四库全书总目提要》认为该书系伪托，故不拟引以为据。"纪昀系康熙年间早期的大臣，即使该书系伪托，也可说明，在康熙朝以前已经出现了红茶。在现在生产红茶的各省各县的地方志中，可以查到的最早

记述红茶的只有湖南、湖北、江西的几个县，例如湖南《巴陵县志》载：道光二十三年（1843）与外洋通商后，广人每携重金来制红茶，土人颇享其利。日晒者色微红，故名红茶。湖南《安化县志》载：咸丰七年（1857）九月，县令陶燮成制定红茶章程。湖北《崇阳县志》载：道光三十年粤商买茶。其制，采细叶暴日中，揉之不用火焰（炒），雨天用炭烘干，往外洋卖之，名红茶。江西《义宁洲志》载：道光间宁茶名益著，种莳殆遍乡村，制法有青茶、红茶、乌龙、白毫茶砖。遗憾的是，红茶发源地的福建省及崇安县，在地方志中尚未查到有关这方面史料，有的又与乌龙茶混淆不清。主要原因在于各地志书多系后来写的，未了解前因后果，以致很难得出定论。

17世纪初，中国武夷茶率先冲出国门，漂洋过海，销售西方，外国人把茶叶分为红茶与绿茶两种———"武夷"与"贡熙"，其武夷茶即含红茶与青茶。当时在市场上的译名不一。红茶产生的年代，国内有的认为是19世纪。而乌克斯《茶叶全书》的"茶叶年表"则把记述红茶的年代提前了100多年。1705年爱丁堡金匠刊登广告"红茶（Black Tea）三十先令"。英传记家玛丽·迪兰尼夫人记当时茶价为红茶（Bohea）20～30先令。

《茶经述评》引《茶叶字典》"武夷"（Bohea）条的注释为："武夷（Bohea），中国福建省武夷（WU—I）山所产的茶，通常用于最好的中国红茶（China Black Tea），以后用于较次的中国红茶，现在用于含梗的粗老爪哇茶（Java Tea），在十八世纪，此名也用于茶叶饮料（Tea Drink），发音 Bo-Hee。"

《茶经述评》又说："这一注释如属正确，那末就须把国外资料中 Bohea 一词，全部译为红茶。笔者在编译《茶叶全书》时，曾把大部分译为红茶，一部分则译为武夷，主要是因为原书往往同时出现 Bohea 和 Black Tea 两词，不得不加以区别。"

从《茶叶全书》来说，则"武夷"的含义除包括武夷（Bohea）茶外，也包括红茶（Black Tea）。红茶 Black Tea 一词，可能是从海外由广东通过泉州港口传入的。

国际茶叶分类中，红茶为什么叫 Black Tea 呢？从《茶经述评》得知，是从我国茶叶外销的历史来考证的。

17 世纪初，中国武夷茶率先销售国外，首先是武夷茶的小种红茶大量出口，与青茶、红茶分不清，当时在市场上的译名很不统一，有的译为黑叶工夫 (Black Tea Congon)，有的译为黑龙 (Black Dragon)，有的译为乌龙工夫 (Oolong Congon) 等，19 世纪以后为了有别于真正乌龙，而把小种工夫红茶照原译的英文统译为 Black Tea 红茶。20 世纪 60 年代，上海一些茶叶店还把祁门红茶称作祁门乌龙，九曲红梅称为九曲乌龙，这都说明红茶译名 Black Tea 实由原来武夷黑茶（红茶）而来，这是红茶早于乌龙茶的有力证据。

正山小种茶名的由来

正山小种红茶，最早在桐木关一带被称为"乌茶"。西方饮茶之风日盛，促进了茶叶，特别是红茶出口贸易量的不断增加，武夷红茶因"味香醇厚，压倒群茗"，各地茶商纷至武夷，使得周边地区大量仿制武夷红茶。清人王梓《茶说》载："岭邑近多栽植，运至星村墟贾售，皆冒充武夷。更有安溪所产，尤为不堪，或品尝其味不甚贵重者，皆以假乱真误之也。"

"小种"指的是茶树的品种。陆廷灿《续茶经》引《随见录》："武夷茶，在山上者为岩茶，水边者为洲茶，……其最佳者，名曰工夫茶。工夫之上，又有小种，则以树名为名。每株不过数两，不可多得。"

所谓"正山"，乃真正高山地区所产之意。其涵盖范围以武夷山桐木村的庙湾、江墩自然村为中心，北至江西铅山石陇，南到武夷山曹墩百叶坪，东至武夷山大安村，西至光泽司前干坑，西南至邵武龙湖观音坑，方圆 600 千米。现大部分在福建武夷山国家级自然保护区内。

这些地方"因土壤之宜，品质之美，终未能攘而夺之"。产于政和、福安、屏南、古田、沙县等地，仿制正山小种工艺生产的红茶，因质地相对较差，统称"外山小种"或"人工小种""烟小种"。"人工小种"现已被市场淘汰，唯正山小种百年不衰。

坦洋、屏南、政和、沙县、古田等地红茶的出现，改变了福建唯有武夷红茶的局面，武夷红茶名称在对外销售中渐渐不再使用，桐木所产红茶则独称"正山小种"。

正山小种红茶，因是经过松材薰焙工艺而成，福州地方口音对松材发"Le"的音，以松材薰焙则发"Le Xun"的音，称产自桐木的正山小种红茶为"Le Xun"小种红茶。1853 年福州港开始出口茶叶，国外便以福州地方口音称武夷正山小种为"Lapsang Souchong"，"Lapsang"即为"Le Xun"的谐音。福州大学苏文菁教授研究认为："立顿红茶，'立顿'，就是用'Le Xun'的谐音命名的。"直至今天，正山小种红茶出口一直使用"Lapsang Souchong"或"Lapsang Black Tea"名称。英国《不列颠百科全书》称该名词出现于 1878 年。

三　探秘红茶技术与发现生物宝库

探寻红茶秘密是西方人梦寐以求的事情。作为红茶贸易源头的桐木村，成为外国人寻奇探幽的目的地。同时，这里茂密的森林和丰富的物种，吸引了他们的眼球。

发现生物宝库

据载，早在 1699 年红茶贸易开始大发展的时期，英国人杰克明·萨姆（Jcamin Tham）进入武夷山桐木一带采集植物标本，表面看他是生物学家、传教士，但往往在这些身份的掩盖下，进行着探寻红茶秘密的活动。

1823 年，法国神父罗文正在挂墩建立教堂，采集珍稀植物标本 31 000 多号。还有时任协和大学生物系教师的美国人麦考福（F. P. Metcalf）、奥地利人 H. Handel-Mazzetti 等。采集动物标本最著名的是曾在四川宝兴发现中国大熊猫和鸽子树珙桐的法国传教士谭微道（P. A. David），1873 年他来到挂墩采集了大量的动物标本，回国后发布了若干鸟类和哺乳类动物新种，这些标本现存于巴黎自然博物

🔖 桐木教堂　李少玲—摄

馆，他使崇安桐木挂墩闻名于世。

之后，曾在福州海关任税务司的英国人 J．D．La Touhe 于 1896—1898 年多次到挂墩采集动物标本，还把挂墩周围最高的一座山峰命名为大卫山（Mountain David）。与此同时，他们还在三港、挂墩设置教堂，作为收购标本的转运站。稍后进入桐木采集动植物标本的还有英国医生斯坦利（A．Stanley）、美国纽约自然博物馆两栖爬行动物学者波普（Clifford H. Pope）、英国标本商史密思（F．T．Smith）、德国昆虫学家克拉帕利希（Klapperich）等，先后发现了近千种动植物新种，遂使桐木挂墩、大竹岚地区成为蜚声国际的"生物之窗"。

鸦片战争以后，英、法、美、德等国的传教士、生物学家纷纷又来到武夷山采集标本。大规模的采集有两次，一次是德国人在 1937—1938 年，采集昆虫标本 16 万号，至今还保存在德国的波恩博物馆；另一次是在抗日战争期间，中国昆虫学家马骏超先生在大竹岚一带采集数年，连同他在国内其他省内采集的，共采集昆虫标本 60 万号、4 000 多种昆虫，如今大部分保存在台湾省台中农业试验所。此外，抗日战争期间迁至邵武的前协和大学生物系，在郑作新教授的主持下，也采集并向当地农民收购了一些标本，共有 20 余万号，现保存于福建农林大学生物防治研究所。

红茶技术被窃

为扭转巨大的贸易逆差和挽回中国茶叶进口的垄断权，英国人费尽心力，一方面，向中国倾销鸦片；另一方面，成立茶叶委员会，着手在印度发展茶叶种植和加工。同时，派经济间谍潜入中国进行"盗窃"。

法国 2002 年 3 月出版的《历史》月刊披露了一个惊天秘密：英国罗伯特·福钧（Robert Fortune）当年窃取了武夷红茶制茶技术。

福钧（1813—1880），又译福琼，也有译复庆。1842—1845 年，他曾作为伦敦园艺学会领导人在中国待过一段时间，对中国比较了解，回国时带走了 100 多种西方人没有见过的植物标本。1843 年 7 月，他在武夷山采集植物标本时，对武夷山九曲风光十分迷恋，绘有一张九曲风光图，破例发表在国际植物学杂志上。

像这样一个有着植物学家头衔的英国绅士，人们很难把他和间谍挂起钩来。1848 年 7 月 3 日，英国驻印度总督达尔豪西侯爵命令福钧："你必须从中国盛产茶叶的地区挑选最好的茶树和茶树种子，由你负责将茶树和茶树种子从中国运送到加尔各答，再从加尔各答运到喜马拉雅山。你还必须尽一切努力，招聘一些有经验的种茶人和茶叶加工者；没有他们，我们将无法发展在喜马拉雅山的茶叶生产。"福钧在东印度公司付给他 500 英镑报酬的诱惑驱使下，充当起了经济间谍的角色。

1848 年 9 月，福钧抵达上海，然后到黄山，尔后又到了宁波。1848 年 12 月 15 日，他在写给驻印度总督的信中，高兴地报告："我已弄到大量的茶种和茶树苗。"1849 年 2 月间，福钧又秘密潜入武夷山，住宿在一些寺庙里，打听到了红茶生产的过程和核心制作技术，弄清了此前西方并不了解的"绿茶与红茶是同一种植物"。同时，还为打通武夷山红茶运往福州的通道出主意。他写道："在这些山中，海拔三四千尺处，发现了我急欲找到的红茶产区。""如果英国商人肯在这里（指福州）住下来，并让中国人感到英国资本在他们当中流通的好处，我们就能够直接获得武夷茶，而免去陆路运费以及在原价以下所附加的内地通过税。"他还招聘了 8 名中国工人，于 1851 年 3 月 16 日乘坐满载茶种和茶苗的船只抵达加尔各答。

经过三年的努力，终于在印度成功制作出"武夷红茶"。至此，被称为"近五千年历史的诀窍"的武夷红茶种植加工技术流传到海外。由于印度茶叶种植面积的迅速扩大，产量的急剧上升，武夷红茶的出口市场日益萎缩，从历史最高点的 1880 年的 60 万担降到 1890 年的约 25 万担。1939 年武夷红茶出口降到最低点，大约只有 25 000 担。1866 年，在英国人消费的茶叶中只有 4% 来自印度，到了 1903 年，这个比率却上升到了 59%，使中国茶叶受到了严重的打击。昔日武夷红茶一统天下的风光不再。

四 武夷山国家级自然保护区的建立

武夷山桐木的挂墩和大竹岚一带，是世界闻名的生物标本采集胜地，一百多年以来，这里发现了大批的动植物新种，有"昆虫的世界""鸟的天堂""蛇的王国""研究亚洲两栖和爬行动物的钥匙"等美誉，是世界公认的"生物之窗"。

然而，这座举世瞩目的生物宝库也难逃被破坏的命运。1959 年，这里设立了一个桐木国营伐木场，年采伐木材 6 000 米³，再加上当地村民每年木材采伐量也超过 6 000 米³，使得这里每天锯声隆隆。到 20 世纪 70 年代末，这里的原始森林遭受严重砍伐，生态环境和自然资源受到极大的破坏，生物宝库濒临毁灭的危险。

我国著名昆虫学家赵修复❶对武夷山情有独钟，最早提出建立"武夷山自然保护区"。早在抗日战争时期，就从武夷山市（当时的崇安县）大竹岚傅家收购并保藏了许多昆虫标本。1977 年前后，他多次深入武夷山桐木等核心区考察，看到伐木场无休止地乱砍滥伐，表示极大的担忧。1978 年全国科学大会召开，9 月福建省召开科技大会，他在会上发出了呼

---

❶ 赵修复是我国著名的昆虫学家。1939年毕业于燕京大学生物系，后留学美国。1951年获马萨诸塞州立大学昆虫学博士学位。同年回国，历任福建农学院教授、植物保护系主任，福建省植物保护学会、昆虫学会理事长，福建省科协副主席，民盟福建省委主任委员、中央委员，福建省第五、六届政协副主席，中国昆虫学会理事，曾被聘为英国皇家学会会员。与李来荣、卢浩然、周可涌，被后人尊称为福建农学院的"四大金刚"。他长期从事蜻蜓和寄生蜂分类及生物防治研究工作，先后发现昆虫新种80多种。编写出版了中国第一部蜻蜓分类专著，是中国蜻蜓和寄生蜂分类研究的开拓者。

● 赵修复（中）在保护区考察

吁："希望党中央、国务院和省有关部门采取紧急的措施，把武夷山挂墩和大竹岚一带作为自然保护区封闭起来，为后代保留一块极为难得的生物资源调查研究的基地。"他的呼吁引起了科学界、学术界的极大反响。

时任《光明日报》驻福建记者站记者白京兆❶获悉后，出于对武夷山生态环境的热爱和记者的职业敏感，意识到赵修复教授呼吁建立武夷山自然保护区的重要性和紧迫性，采访了赵教授，并把赵修复教授的建议写成内参送中央领导传阅。

1978年11月21日，一篇题为《福建农学院教授赵修复紧急呼吁保护名闻世界的崇安县生物资源》的光明日报社内参第274期，摆在了邓小平同志的案头。1978年，正是邓小平同志复出工作的第二年。这一年他解决了许多历史遗留问题，最重要的是召开了中共十一届三中全会，作出了改革开放的重大战略决策，为国家今后发展指明了方向。这一年，邓小平可谓日理万机。然而，当他看到光明日报社内参上的这篇文章后，当即作了"请福建省委采取有力措施"的重要批示，并在"保护"二字下面重重画了两道横线。

邓小平同志没到过武夷山，却以巨大的影响力开创了我国生态保护的新局面。他的重要批示，不仅挽救了武夷山这座生物宝库，更是挽救了武夷山这方山水和世代

---

❶ 白京兆，1949年出生于北京，编审。1976年毕业于福州大学，历任光明日报记者、福建省新闻出版局版权局副局长、出版总社副社长、社长，福建省人大常委，享受国务院政府特殊专家津贴，被评为中国版权产业风云人物。2009年被授予"武夷山荣誉市民"。

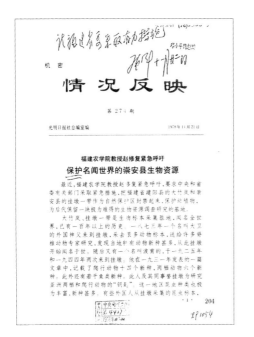

● 光明日报社1978年11月21日《情况反映》第274期与邓小平的批复

生活在这里人民赖以生存的自然环境。世代以茶为生、在桐木村经营正山小种红茶的江元勋说："武夷红茶的品质取决于其良好的生态环境和特殊的加工工艺，如果没有邓小平的批示保护，不仅生物资源没了，就连农民赖以生存的茶树生长环境也会消失。"

1978年11月25日，中共福建省委接到批示后，省委廖志高同志迅速向中共建阳地委（今南平市委）、中共崇安县委（今武夷山市委）作出指示，坚决贯彻落实邓小平同志的指示，要求重视赵修复教授的呼吁和建议，并指出，省里原则同意建立大竹岚、挂墩自然保护区，严禁任何单位或个人在这一地区乱砍滥伐；各地类似的自然资源，都要采取有效措施加以保护，破坏森林的现象要抓紧制止。

崇安县（今武夷山市）政府迅速采取有效措施，撤销桐木国营伐木场，实行封山育林；颁发《护林防火管理办法》等许多地方法规，加强森林管理保护。

1979年4月，福建省批准成立武夷山自然保护区，直接归属福建省林业厅管理。7月，国务院批准武夷山自然保护区为我国首批国家级自然保护区，保护区面积为

● 武夷山自然博物馆　李少玲-摄

56 527 公顷。这种以不同寻常速度建立的武夷山国家级自然保护区，在我国自然保护区建设史上是绝无仅有的。

武夷山国家级自然保护区建立后，得到了党中央、国务院和全国各界的关心支持。1983 年 11 月，国家主席李先念视察了保护区。此后，彭真、万里、乔石等 30 多位党和国家领导人先后到保护区视察。福建省人大制定了《福建省武夷山世界文化与自然遗产保护条例》，福建省政府出台了《福建武夷山国家级自然保护区管理办法》，使保护区的资源保护与管理步入法制轨道。

保护区成立时保留下来的 2.9 万公顷原生性森林植被，成为我国东南大陆也是地球同纬度带中保存面积最大、保留最为完整的中亚热带森林生态系统。1987 年联合国有关机构将武夷山保护区纳入世界生物圈保护区，1992 年又被确认为具有全球保护意义的 A 级保护区。1999 年，武夷山保护区与武夷山风景区联合申报世界自然和文化遗产获得成功，武夷山自然保护区成为我国仅有的一个既是世界生物圈保护区又是世界双遗产保留地的保护区。

第三章 · 金骏眉的诞生

　　中国是茶的故乡，是世界最早发现、栽培和利用茶叶的国家。在漫长的生产实践中，我国各地创造形成了数量众多、外形千姿百态、品质各具特色的各类名茶。金骏眉于 2005 年研发并投放市场，令世人叹为观止，深受文人雅士、业界人士及消费者推崇。

一　什么是金骏眉

　　金骏眉属于什么茶系？为何能在短时间内窜红茶界，成为祖国大江南北、众人耳熟能详的一款高端新品名茶呢？有人说，它是绿茶。因为它用茶树眉芽为原料。有人说，它是岩茶。因为其汤色像岩茶，有岩骨花香。有人说，它是介于岩茶和红茶之间的一种茶。因为它采用了传统正山小种红茶的制作工艺，又辅以岩茶的炭焙工艺，不熏焙，滋味没有正山小种红茶那么浓烈。有人说，它是创新红茶。因为它对传统正山小种工艺，包括采摘、萎凋、揉捻、干燥等环节进行了改革，制作更精细，品质更优异。有人说，它是特定环境条件下的产物。离开武夷山国家级自然保护区独特的自然生态环境，就没有真正的金骏眉。还有的则认为，金骏眉纯属炒作……众说纷纭，观点不一。

金骏眉是红茶新秀

世界红茶源于正山小种。金骏眉属全发酵茶，是红茶的后起之秀，与正山小种一脉相承。从采制工艺上看，金骏眉经历了萎凋、揉捻、发酵、干燥等程序，与红茶制作工艺相同；从干茶色泽上看，金骏眉由正山小种的灰黑色转化为金、黄、黑相间；从香气上看，金骏眉由正山小种的松烟香转变为高雅的花果蜜综合香型；从汤色上看，金骏眉由正山小种的玛瑙红转换为活泼的金黄色。它兼容并蓄，集优质岩茶与正山小种红茶特质于一体。

金骏眉是正山小种的改良创新

正山小种作为红茶中的特种茶，有着悠久的历史和深厚的底蕴。在漫长的生产实践中，形成了从茶青、萎凋、揉捻、发酵、过红锅、复揉、熏焙、复火的初制工序，再到定级归堆、毛茶大堆、走水焙、筛分、风选、拣制、烘焙、匀堆、成品的精制工序。独特的制作工艺，造就了正山小种"红叶红汤、松烟香"的特有品质特征。与其他茶相比，正山小种所具有的这种品质特征，更适合与牛奶、冰淇淋等物质混合进行调饮。由于该茶口味重，浓强度高，国人饮茶习惯又多以清饮为主，因此长期以来主要是出口供应西方国家，国内销量极为有限。故在产地武夷山，有正山小种"国内生产，海外买"之说。

金骏眉作为红茶的后起之秀，突出了红茶的保健养生功能。它通过对传统正山小种工艺颠覆性的改良创新，改传统正山小种"浓、红、苦、涩"外贸型的口感风味，为"清、活、香、甜"内贸清饮型的口感风味，最大限度地提升、释放出了茶黄素这一红茶药理保健物质的含量。

我们说金骏眉是正山小种的改良创新，除了体现在品饮理念、茶品的风味口感上，还包括采摘、加工、制作工艺方面的改良创新。

从采摘标准上看，正山小种以春、夏两季茶树的一芽二、三叶为原料；金骏眉采摘标准高，一年一次，只采头春的单芽。从加工工艺上看，正山小种有"过红锅"和熏焙两道工艺，茶品有较强的松烟香；金骏眉省掉了这两道工艺，茶品有高雅的花

● 黄岗山风光

果蜜香，没有松烟香。从制作工艺上看，正山小种采用常规发酵技术，大比例茶黄素转化为茶红素，由于茶红素比率高，成茶汤色浓红，似桂圆汤；金骏眉采用人工增氧、加温、悬挂式发酵技术，茶多酚最大限度地氧化生成了茶黄素，故成茶汤色金黄，活泼明亮，"金圈"宽厚，滋味鲜爽，花香特殊。

因此，可以说，没有"正山小种"，就没有金骏眉。

金骏眉是优良生态环境的产物

人参以吉林的品质最佳，三七以云南的最好，泽泻以建瓯吉阳的最优。《晏子春秋·杂下之十》云："婴闻之，橘生淮南则为橘，生于淮北则为枳，叶徒相似，其实味不同。所以然者何？水土异也。"自然界里的每个物种，都有其生长的最佳环境。

● 桐木金骏眉茶园

武夷山国家级自然保护区，由于主峰黄岗山能北拒北面寒流，南迎海洋暖风，因此形成了独特的自然气候环境。这里山高林密，土壤肥沃，土层深厚，养分齐全；冬无严寒、夏季凉爽，云起雾绕，温暖多雨；日出得迟，日落得早，昼夜温差大，生态环境好；是福建省气温最低、降水量最大、相对湿度最高、雾日最多的地区，满足了茶叶生长所需要的一切条件。

"高山云雾出好茶。"桐木茶叶由于散布于保护区内的崇山峻岭之中，长势旺盛，生命周期长；持嫩性好，芽头壮实，氮代谢旺盛；儿茶素、氨基酸、芳香性物质含量高；与普通茶山生长的茶叶相比，尤以酯型儿茶素和没食子儿茶素所占的比率更高，这是其他茶山无法比拟的。

以之为原料制作出来的金骏眉，与用一般环境条件下生长的茶叶制作的茶相比，条索纤细紧结，乌中透金，油润发亮，滋味香甜鲜爽，耐泡度高。饮后沁人心肺，仿佛有暑天置身原始森林中的"清凉"。生产制作1千克金骏眉，要15万个芽头，需75个熟练采茶女工同时采摘一天。

　　综上所述，我们不难看出，真正的金骏眉有着厚重的历史文化积淀，是正山小种红茶四百余年来不间断发展延伸的产物。其卓越品质的形成，对环境条件、原料选择、采摘标准、制作工艺有着特殊的要求。离开这些特殊要求所生产出来的茶叶，虽然也能拷贝出形似的"金骏眉"，但内质根本不能与真正的"金骏眉"相媲美，充其量也只能算是"山寨版"。我国著名茶叶评审专家、福建农林大学教授陈郁榕说："金骏眉不仅是名字好听，还代表着这个产品的品质特征必须是要能够反映出武夷山桐木的地域特征，其他地方仿照再多，内质达不到也是枉然。"

　　因此，也可以说，没有保护区，就没有金骏眉。

● 吴觉农与江素生

二　金骏眉研发诞生

正山小种是世界红茶的鼻祖，曾风靡欧洲社会几百年。然而，19 世纪末之后，由于各种因素，逐步走向没落，至 1941 年生产量仅为 500 千克。新中国成立后，正山小种的命运也几经波折，20 世纪 80 年代一度因"卖难"问题面临生产加工计划"被砍"的危机。保护这一特殊茶产，重树正山小种的历史地位，是茶界前辈的夙愿。

当代茶圣吴觉农（1897—1989）曾说过："中国不能没有世界顶级的红茶"，"正山小种应在继承中创新发展"，"要在做精做细上下功夫"。

茶界泰斗张天福（1910—2017）说："要发展世界顶级红茶"，"正山小种完全有条件再度成为世界顶级红茶"。1984 年 3 月 12 日，张天福在给福建省政协的提案中提出，应保留生产闽红三大工夫（政和工夫、坦洋工夫、白琳工夫）和正山小种红茶，"倒牌容易创牌难"，"至于正山小种，更是我省唯一独特的外销产品。……不能单凭眼前经济效益去衡量得失，应慎重考虑，从全局长远和生产发展的观点出发，保持我省茶叶种类多、出口货源丰富多彩的优势"。

有延续复兴正山小种"一代大家"之誉、正山小种第二十二代传承人江润梅（1914—1973）说："一定要把正山小种红茶继承下去，这个祖宗的东西不能丢。"

著名茶叶品质化学研究专家，第九届、十届、十一届全国政协委员骆少君（1942—2016）说："武夷山是未受污染的世界环境保护的典范，是茶界的福气。""武夷茶不能以量取胜，而应在创新的过程中提高品质，以价取胜。"

如何为世界生产制作最好的红茶，是江元勋、祖耕荣、龚雅玲等一批茶人始终思索、从未放弃的愿望。2001年，元勋企业摆脱困境后，"要为世界生产制作最好红茶"被提上议事日程，2002年1月17日，江元勋主持召开由叶兴渭、祖耕荣、江素生、江素忠、龚雅玲等人参加的《关于如何生产制作最好红茶》的讨论会，会上大家各抒己见，有的认为要从质量入手，树立品牌；有的认为要从源头入手，抓基地；有的则认为要立足保护区独特的生态条件，改进工艺，从生产有机茶入手……最后决定成立"顶级红茶"研发组，由江元勋任组长，祖耕荣制订方案，叶兴渭任技术指导。

同年4月15日，受江元勋委托，祖耕荣、江素忠带着叶兴渭的书信，前往安徽芜湖，向在那里参加第二届国际茶业博览会的张天福先生和骆少君女士汇报研制生产顶级红茶的设想，得到肯定和支持。最后商议确定由江元勋、祖耕荣、吕毅、江素忠、龚雅玲五人组成研发小组，立足武夷山国家级自然保护区独特的地理气候、茶树品种资源，从筛选适制品种、实施有机栽培、进行工艺改革、保证质量、树立品牌等环节入手，系统开展顶级红茶制作的探讨研究。这为后来"正山茶叶"品质的稳定提升和连续 10 多年获得德国 BCS、日本 JAS、美国 NOP 有机茶认证积蓄了能量。

2003 年春季，为解决桐木茶叶的出路问题，江元勋、祖耕荣、吕毅、江素忠、龚雅玲等人，尝试用桐木小种茶树品种的芽头，试制高档龙井茶，但结果并不理想。

2005 年 7 月 15 日午后，江元勋与张孟江、阎翼峰等友人，在桐木正山茶业公司门前竹间草坪纳凉，见同自然村一茶妇手持镰刀路经公司。北京友人张先生好奇地问元勋："天这么热，此妇拿镰刀去干什么？"江元勋予以答之。随后张先生又说："这么辛苦，何不增加一些成本，用芽尖像生产绿茶一样做些高端红茶试试呢？"

说者无意，听者有心。张先生不经意间的一句话，给江元勋带来了启发。江元勋随即让公司制茶人员温永胜以每斤茶芽 40 元的价格，让该茶妇进行采摘。傍晚时刻，该茶妇共采摘茶叶芽头 1.5 斤。当日，江元勋与温永胜、梁骏德等人按照红茶制作工艺进行萎凋、搓捻、发酵、炭焙，得干茶三两。

该茶条形呈海马状，色泽黑黄相间，干茶香气独特，发酵过程即有蜜糖香。第二天，江元勋即请张孟江先生等共同开泡品尝。当沸水冲入，顿觉香气满室，汤色金黄透亮，滋味甘甜爽口、润喉、回味悠久，集蜜香、薯香、花香于一体，有高山的韵味，这就是后来被命名的"金骏眉"的雏形。

2006 年，又通过试验、分析、比较，于 9 月基本定型。当时只是少量生产，仅供北京、福州等地友人品鉴；2007 年，再次根据品鉴反馈意见，进一步完善，开始批量生产，主要以订购为主；2008 年，正式投放市场，一经上市就受到喜茶爱茶之人的狂热追捧，并迅速走红。

如果说正山小种的产生是偶然的，那么金骏眉的产生则完全是正山小种红茶历史文化、制作工艺不间断传承和改良创新的必然。它融入了茶界前辈为复兴小种红茶的精神理念，以及为之实践而努力形成的理念和倾注的心血，是茶人集体智慧的结晶。

● 江泓《金骏眉茶记》石刻

　　华东第一峰，名黄岗山；山之阳有一脉，地有双泉，遂建寺宇以护之，故名双泉寺，以佑一方。双泉之水，恒满清澈，光洁若银，如龙脉之眼。山脉蜿蜒，亦犹如龙翼盘踞，其腹地则为由国家定为武夷山国家级重点自然保护区。其内有桐木古茶山，海拔600～1 600米，枕黄岗望武夷，株株老枞生烂石；浸砾壤，依山泉，伴野花，交古树；云雾、阳光、细雨、微风交互关美照，片片茶叶饱含龙脉自然之灵气，造化而成有机高贵之品质。

　　桐木村江氏家族，宋代由河南入闽，敬持茶事，已传至二十四代。明末清初，疲军席茶而息，数日之后，不意茶已发酵，江祖遂以火焙之，全然发酵，因缘而得红茶。出而售之，爱者众，因有名气冠，得名"武夷正山小种"。至17世纪，远销欧洲，风靡王室，饮红茶成为时尚。后立顿先生传习江氏正山红茶之工艺，制立顿红茶，泛销世界，西方由此形成了红茶文化。

金骏眉之创始，实为本世纪初茶界头等幸事。由现代"茶圣"吴觉农致江元勋父亲书信之启示，受于江父故交茶界泰斗张天福"发展精制茶"之观念之启发，及北京茶友张孟江、孙连泉等倡导做好茶、购好茶、喝好茶之需求。江元勋先生得机率梁骏德、温永胜、江骏发、陈贵宝、江骏生、胡吉兴等员工，在老枞中采紫笋新芽，兼持精行俭德之精神，自2003年仿龙井之基础，经几年不断探索，研发出第一款金骏眉。从红茶诞生至欧洲下午茶风尚，再至金骏眉问世，正山堂坚守传承红茶四百余载。

金骏眉诞生，乃开启而今由其领军之全新红茶时代。此乃激发中国红茶走向复兴之时代，亦为带动红茶业界共同走向新兴繁荣之时代。

正山堂江氏茶人于世界红茶之杰出贡献，皆令人深心怀感恩之情者，而世间茶人更为幸得正山堂之机缘而心怀感激喜悦。

古语有云"试玉要烧七（三）日满，辨才需待十（七）年期"，桐木茶山独有之生态环境及正山堂古往今来之精湛工艺，赐予金骏眉之高贵品质、迷人风韵，十余年中皆得专家、茶人、消费者之共赏、好评。是啊，十个人在海拔1 300米左右山头，选百年老枞采茶，才能得五万以上新芽而精制成一斤茶，其韵味天成，鲜爽纯正，汤色净明，如琥珀之光，这茶怎能不让人真爱于心呢。

可以乃盼见，凝正山堂心血及地方各界热心之金骏眉，定将以世界第一红茶之美誉，光耀世界茶品之林，福惠天下。

回首，已饮金骏眉十年有余，有感于斯，以记之。

原国家林业部森林资源和野生动物保护司司长 江泓

● 邓林（中）与江素生（右）及江元勋夫妇合影　　　　　　　● 邓林为《元正金骏眉》题写书名

三　邓林提名创建正山堂

为实现小平同志生前"有机会，你们要去武夷山自然保护区看看"的夙愿，自2006年起，邓林❶女士先后四次到武夷山国家级自然保护区参观考察；2011年5月13—16日，还在保护区与江元勋先生家人同吃同住、上山采茶、现场作画，并为《中国名茶　元正金骏眉》一书题写书名。

"正山堂"是邓林女士于2007年5月间，第二次到武夷山国家级自然保护区参观考察时提出，并于同年创建的；"正山堂"注册商标，是由邓林女士请时任中国书法家协会分党组成员、副秘书长、评审委员会副主任、学术委员会副主任张旭光先生题写的。2012年获准工商注册；2018年4月被认定为中国驰名商标。

正山堂取正山小种的"正山"二字，一是为表明公司产品乃正宗之意，来自正山小种产区桐木关，工艺为正山小种四百余年积淀与创新；二是正本清源，将昔日正山小种红茶重新发扬光大；三是暗合武夷山儒释道文化精神，正果为修行得道。"堂"，殿也，有堂堂正正之意。

---

❶ 邓林，出生于1941年，四川广安人。伟人邓小平之长女。1962年毕业于中央美术学院附中，同年入中央美术学院国画系，1967年毕业。历任北京画院花鸟画创作室副主任、中国画研究院专业画家、中国美术家协会会员。师从汪慎生、李苦禅、郭味蕖、田世光诸先生，现为一级画师，中国国际友谊促进会副会长，澳门中华文化艺术协会名誉会长，中国美术家协会会员，东方美术交流协会会长。出版有《邓林画梅》《邓林水墨画集》《彩陶与梅花》《邓林·远古的回音》《邓林绘画名作集》《中国当代美术家画传·邓林》《邓林画集》《邓小平——女儿心中的父亲》等。作品被国内外博物馆、美术馆等公私机构和个人收藏。

正山堂赋

武夷山，林抱峰涌，绿掩水澜。集岱宗太华之崇，雾锁峰腰；聚终南太行之美，翠入云天。桐木关，坐拥空濛灵氛，云蒸霞蔚；演绎宽和人伦，灿若文锦。正山堂，界九曲溪流，退谷营居；挂百川飞瀑，悬壶作舍。夫物之感人者，在天莫如月，在乐莫如琴，在饮莫如茶。茶之正者正山堂，执禅茶一味，旨趣纱远；沐茶圣遗风，情致幽婉。茶之臻品者金骏眉，或开汤橙黄，鲜活甘爽；或匀齐显毫，抱朴守一。茶之逸品者正山小种，或色泽乌润，喉韵绵长；或盏底留香，意韵丰赡。正山堂茶，悠悠乎，如白云之霏霖；汤汤乎，如松涛之滢滢。茶之大者正山堂，太华夜碧，承朝露集以菁华；人闻清钟，伴日月聚以光辉。正山堂主，江氏一脉，情交天下茗客，义结四海高风。探茶之趣味本源，叶间通造化；释茶之圆融自在，意表出云霞。虽一隅之执著，然百代之长歌；虽一己之绵薄，然万众之高焯。恰如清人之谓：烹调味尽东南美，最是工夫茶与汤。茶香袅绕，沁仙风道骨；茶水润心，悟妙理玄机。黄杨摇曳，观红茶真妙；体素储洁，咏人生年华。一片青山入座，一潭山泉煮茶。夫正山堂者，秉承丰壤之泽，冲而弥柔；蕴取甘霖之降，洁而弥甘。润德精进，清涧引茶人驻足；鉴秘参详，林前使陆羽留踪。

　　　　　　丙申晚春抒于北京朗朗书房　呼延华

🍵 呼延华《正山堂赋》石刻

四　权威专家对金骏眉品质的鉴定

2008 年 7 月 16 日，国家茶叶检验检测中心名誉主任、研究员、高级评茶师、高级考核员骆少君女士，组织专家对正山茶业研发的新产品金骏眉进行鉴定，一致认为：金骏眉创意新颖、原料生态、制工精湛、品质优良，产品是首创的、做工是独特的、研发是成功的、发展是有前途的。

根据金骏眉品质鉴定组专家的鉴定意见，为加快这一红茶新品的发展步伐，提升正山小种整体的发展制作水平，江元勋、祖耕荣先后多次在正山小种发源地——桐木村举办正山小种暨金骏眉生产加工技术培训班，骆少君、叶兴渭、叶启桐、刘国英、修明、叶勇等专家应邀到场授课，现场指导，大大提高了桐木正山小种茶区茶农的环保意识、质量意识、精品意识、品牌意识和生产加工的技术水平，为金骏眉红茶的快速发展和做精做细、做大做强，奠定了坚实的基础。

"元正"牌正山小种红茶新产品
"金骏眉"品质鉴定意见

福建武夷山国家级自然保护区正山茶业有限公司送交新产品"元正牌金骏眉",要求品质鉴定。经国家茶叶检验检测中心名誉主任、研究员、高级评茶师、高级考核员骆少君,组织高级工程师、高级评茶师、高级考评员叶兴渭,国家茶叶检验检测中心茶叶审评室主任、高级工程师、高级评茶师、高级考核员赵玉香,国家茶叶标准委员会委员、高级评茶师祖耕荣,浙江大学茶学博士、高级评茶师吕毅,武夷山茶叶检测所、高级评茶师修明等六位同志,专门听取正山茶业有限公司有关新产品开发情况介绍,并对新产品"金骏眉"进行评审鉴定。

正山茶业有限公司研发的新产品"金骏眉"研究思路是正确的;产品是首创的;原料单独选取高海拔的原生态茶树,做法是独特的;采取技术工艺既保持传统又采纳新技术;产品保留传统优良特征,更赋予创新的外形与内质;产品包装简朴环保,独树一帜;产品一面世就受广大消费者的青睐。

"金骏眉"感官评审意见

名称	评审意见					
	形状	色泽	香气	滋味	汤色	叶底
金骏眉	绒毛密布、条索紧细、隽茂、重实	金、黄、黑相间,色润	复合型花果香、桂圆干香、高山韵香明显,且有红薯香	滋味醇厚、甘甜爽滑、高山韵味持久、桂圆味浓厚	汤色金黄、浓郁、清澈有金圈	呈金针状、匀整、隽拔叶色呈古铜色

鉴定认为:"金骏眉"新产品创意新颖、原料生态、制工精湛、品质优良。研发是成功的,有发展前途的。

新产品"元正牌金骏眉"品质鉴定人：

①国家茶叶检验检测中心名誉主任、研究员、高级评茶师、高级考核员：＿＿＿＿＿

②高级工程师、高级评茶师、高级考核员：＿＿＿＿＿

③国家茶叶质量检验检测中心茶叶审评室主任、高级工程师、高级评茶师、高级考核员：＿＿＿＿＿

④浙江大学茶学博士、高级评茶师：＿＿＿＿＿

⑤国家茶叶标准委员会委员、高级评茶师：＿＿＿＿＿

⑥武夷山茶检验所主任、高级评茶师：＿＿＿＿＿

二零零八年七月十六日

五　金骏眉命名及内涵解读

"名正是金，好名远扬。"名利，名利，有名才有利。名在先，利在后，有好名才有好利。孔子曰："名不正则言不顺，言不顺则事不成。"茶叶作为商品，必须要有一个叫得响的名字。它既要能体现其价值，又要能反映其生长的环境地域、制作工艺、产品特征和茶人的情、意、志。这的确让江元勋等人苦费心机。

"形以定名，名以定事，事以验名。"为了给这款刚问世的茶叶新品起个好名，江元勋、张孟江经过反复思量，最后根据该茶首次鉴赏开汤品尝时表现的特征特性及其生长环境、采摘标准、制作工艺和对该茶的希冀，取名为"金骏眉"。

所谓"金"，言其色、展其实、喻其价。金银铜铁锡，金为首。"金"者色黄而亮，贵重，稀有，能保值增值。用"金"作为"金骏眉"名称的首字，有三层含义：一是金骏眉干茶外形条索紧秀，身骨重实，有"金"的重量；二是干茶金黄黑相间，色泽油润发亮，汤色金黄，有"金"的颜色；三是"金圈"宽厚，茶黄素含量高，只采头春，一年一次，以芽头为原料。明前为金，芽头为金。制作500克金骏眉约需用7.5万个芽头。由于原料稀有难得，有"金"的价值。

　　所谓"骏",表其形、彰其源、寄其望。"骏"在《辞海》中,有四种解释:一是良马;二是迅速;三是大;四是通"峻",高的意思。《诗经·大雅·崧高》曰:"骏极于天。"用"骏"作为"金骏眉"名称的第二个字,其含义也有三:一是金骏眉干茶外形略弯曲,似海马状(中药),叶底秀挺鲜活,有万马奔腾之势。二是高山出好茶。金骏眉生长在武夷山国家级自然保护区内,海拔平均在 1 000 米以上,落差极为悬殊,终日云雾弥漫,生态环境独一无二,非常适宜茶树生长。其山有高"骏"之势。三是希望金骏眉研发问世后,能在中国红茶市场中,脱颖而出,有骏发之势。与此同时,金骏眉名字中的"骏",还与江氏先祖骑虎公有关。据《江墩江氏族谱》载:"吾(居闽)始祖仲三公昔在闽时,一日夜梦天神赐马,次早开门视之,见一大虎拜伏阶下,公收之,如马之驯良,出入骑座,因而骑虎出游……骑虎公生子一、孙八、玄孙三十有余……五代玄孙銮六公生子五,长子盖一公迁居崇安桐木关下,江墩之祖。"

蠡流公者居閩之富沙遷於麻沙族
大蕃盛者始　祖仲三公昔在閩時一
日夜慶天神賜馬次早開門視之見一
大虎拜伏塔下公收之如馬之馴良出
入騎座因而騎虎出遊自閩之麻沙如
來復至臨川白沙而家焉郡今本邑三
十三都陶塘里是也至今騎虎墩洗馬
池遺跡尚存公幸葬陶塘源尾土名際
上其基坐酉向卯至六代仲直公立寺
召僧土名招福寺置四水歸流之業稅
糧九石以供祭祀及僧人有功德碑在
寺上載　騎虎公生子一孫八玄孫三
十有餘留一長子而住陶塘其餘若者
各分一處有遷南城者有遷青江者有
遷鹽埠嶺有遷鉛山者有遷九江者有
遷玉山者有居贛州者有遷閩者有
漳州者有居建寧府有居崇安者有
居延平有居昌者有居崇安建陽者
諸族是也八一丞生子三長子三公遷
蘭溪次子五公居　石塘三子七公居安
仁縣與梁橋生子三長子二長子孟五
公居廣信府次子孟九公居貴溪湖林
十九公三子百二公生子三長子二公次子
橋生子一予懷公傳五代玄孫鋈六公
生子五長子益一公徙居本邑貴溪桐木
下江墩之祖次子益二公居崇安桐木
花橋三子蓋三公遷居九江四子蓋文

●《江墩江氏族谱》

　　所谓"眉"，显其精、现其技、耐冲泡。"眉长为寿，寿者长也。"用"眉"作为金骏眉名称的尾字，同样有三层含义：一是金骏眉为对传统正山小种制作工艺改革和创新的结果。从原料的采摘标准看，正山小种是 2 ～ 3 叶开面，金骏眉为单芽。芽吸天地之灵气，乃茶之精华。自古以来都是用之制作卓越绿茶，并依形称之为贡眉、珍眉等。《红楼梦》有 260 多处写到茶，在第四十一回《栊翠庵茶品梅花雪　怡红院劫遇母蝗虫》中，宝玉、黛玉、妙玉、宝钗之清流所品珍贵名茶"老君眉"，就是用芽头制作，依形命名的。二是茶芽似眉，乃细长之物，非常之柔嫩。用之制作金骏眉红茶，必须轻采轻放、轻揉慢揉，用心、精心铸造。三是金骏眉耐冲泡，香气独特，留香持久。用桐木双泉寺泉水可连续冲泡十二次以上，色泽不退，汤色金黄，味道不减，口感依然甘甜饱满，实乃茶中可遇不可求的珍品。

　　"金骏眉"读着顺口，笔画简洁，字义清楚，容易读、容易认、容易记。从字面上看，"金"指贵重物质，象征财富，代表高贵，为五行之首；"骏"乃天生聪颖、出外大吉、兴旺隆昌之字，五行属金；"眉"有温和、清雅、秀静之意，五行属水。金、木、水、火、土，"金"主义，"水"主智，金生水，水生木，"骏眉"五行相生、顺畅吉祥。它浸透了正山小种四百余年的文化底蕴，融入了正山传人的文化心理、文化理想和文化选择，体现了正山传人的精、气、神和对"金骏眉"的希望与期待。

　　实践证明，"金骏眉"不但名字好听、好叫，具有独特性，而且名字与产品质量

相符，名副其实，这是金骏眉成功走进市场的一个重要因素。如今，金骏眉已成为中国高端红茶的代名词。"正山堂"则成了中国高端红茶和金骏眉的代表品牌。2011年8月中旬，一则简约高雅，以中国国画风格为基调的正山堂广告，在央视新闻频道和财经频道播出，让更多人看到了正山小种承载红茶四百年的成长、变迁与创新，更感知到了正山堂传承四百年红茶历史文化的坚持和制作最好红茶的使命。

第四章 · 金骏眉生产加工技术

价值是价格的基础。金骏眉的核心价值在于它的品质，而品质的核心在于它绝对优良的产地和成熟的采制工艺。这是金骏眉获得市场认可，取得市场竞争优势的根本原因。

一　金骏眉生产

茶叶的产量与品质因子，受生产要素的影响很大。它包括品种的选择、基地的建设、肥水管理和病虫害防治等方方面面。

品种选择

宋代宋子安《东溪试茶录》云："茶色黄而味短……茶大率气味全薄，其轻而浮，浡浡如土色，制造亦殊。……盖以去膏尽则味少而无泽也（茶之面无光泽），故多苦而少甘。"优良的茶树品种，是优质茶品质形成的物质基础。它是其他任何农业措施、外界环境所不可替代的。

武夷山茶树品种资源丰富，有种质资源"王国"之称。在漫长的生产实践活动中，通过自然选育和人工选育，形成了丰富的茶树优良品种。这些优良品种新梢生长期长，生殖能力弱，育芽能力和抗逆性强，丰产性好，适应性与适制性广，品质优。

金骏眉茶人经过反复的比较实验，从中选出了9种适合用于生产金骏眉的茶树品种。这些茶树品种，叶片大小适中，以中、小叶为主；叶厚质柔、叶面隆起，光泽度好，持嫩性强；芽叶色呈浅红、浅绿、黄绿和紫红色；春芽一芽二叶干样含氨基酸3.33%～3.90%、茶多酚20.7%～27.5%、咖啡因2.85%～3.42%；氨基酸含量相对较高，茶多酚、咖啡因含量相对较低；尤以酯型儿茶素、没食子儿茶素含量高；用其单芽制作金骏眉，条形紧结壮实、匀整油润、黑黄相间，水中带甜、甜中带香，不苦不涩，有天然的花果香和蜜香。特殊的品质，赢得了海内外消费者的青睐。其主要品系如下：

1. 菜茶代表种

茶树生长极为旺盛，树高88厘米，树冠直径着生100厘米，主干不显著，枝条多细小，朝天丛生，枝干着生角度30°～50°，枝叶着生角度30°～40°，节间距1.5～2.0厘米，幼叶呈浅红色，老叶色翠绿。叶片向外向上平展，略呈V形，叶面光泽，质厚而脆。叶脉细而略显，多为7～9对。叶齿深而密，齿数28～32对。叶尖锐，尖端向下成弓形弯曲。叶长8厘米、宽3厘米，萌芽力旺盛。花冠3.2厘米，花瓣5～8瓣，花柱头稍短于花丝，柱头3裂，结实性中等，一果二三籽居多。

● 菜茶代表种

2. 小圆叶种

树高 125 厘米，树冠直径 105 厘米，主干粗约 1 厘米，暗灰色，枝干直立稀疏，枝条多弯曲斜生，节间距短，枝干着生角度 60°以上，枝叶着生角度 80°左右。叶质厚，叶短圆形，尖端钝，像桃仁形。叶色暗绿，叶面光泽，叶肉略隆起，叶缘略向内翻，主脉明显，细脉 6 对，叶齿浅而钝疏，齿数 20～26 对。叶背面呈银绿色，有细小白绒毛。叶长 4～5 厘米，宽 2.5～2.8 厘米。萌芽期略迟。花蕊不多，且结实较少。

3. 瓜子叶种

树高 51 厘米，树冠直径 93 厘米，枝干皮粗，灰褐色，枝条细小而丛生，节间距短，枝干着生角度 30°～40°，枝叶着生角度 20°～30°。叶密生朝天，叶缘内翻，叶色暗绿，叶片有光泽，叶脉细而不显。叶齿锐而细密，叶脉 16～20 对，叶尖钝向下弯曲，叶柄短。叶长 2.6～3.3 厘米，宽 1.2 厘米，叶全形正如瓜子。萌芽期早，着芽不盛，花期 10 月下旬至 12 月上旬，花冠 2.5～4.0 厘米，花丝细而短，数达 206 个，柱头与雄蕊平，3 裂。

🍀 小圆叶种

🍀 瓜子叶种

● 长叶种

● 小长叶种

4. 长叶种

树高 160 厘米，树冠 93 厘米，主干直径 1.5～3.0 厘米，枝干多朝天着生，灰白色，枝条细密，枝干着生角度 35°～60°，枝叶着生角度 40°左右，叶色暗绿；嫩叶浅绿而带紫色。叶面有光泽。叶片向外向上斜展，横断面 V 形，叶缘有波状。叶脉粗显，6～10 对。叶齿粗而锐，齿数 35～40 对。叶尖长稍钝，叶柄稍长。叶长 12 厘米，宽 3.1 厘米。萌芽期迟，常于首春制茶结束前三四日。花期 10 月下旬至 11 月下旬，花朵大如水仙茶之花，直径 4.8 厘米以上，柱头长 1.2 厘米，高于雄蕊，在 3/5 处分 3 裂。

5. 小长叶种

树高 80 厘米，树冠直径 100 厘米，枝干细而多弯曲，密集丛生，分枝多。枝干着生角度 20°～35°，枝叶着生角度 40°左右。叶厚硬，浓绿色，叶面平滑而有光泽，幼叶呈紫红色。叶片向外向上伸展，全叶呈船底龙骨形。叶脉细而不显，7～8 对。叶齿稍深，齿距宽，齿 24～28 对。叶尖端长而稍钝。叶长 4～5 厘米，宽 1.5～2.0 厘米。萌芽迟。花朵不多，开花期 10 月中旬至 12 月中旬，花冠直径 2.5～3.0 厘米，花瓣大者 4 片，小者 2 片，花丝细而短，柱头长 1 厘米，分裂情形与前一种同，结实性弱。

🌑 水仙形种　　　　　　　　　　　　　　　🌑 阔叶种

6. 水仙形种

树叶如水仙叶形，故称水仙形种。树高 154 厘米，树冠直径 110 厘米，干粗 1.2 厘米，干皮黄褐色，间带灰白点，枝条疏生，节间距 3.5～4.5 厘米。枝干着生角度约 45°，枝叶着生角度 50°～70°；叶色翠绿，质厚而脆。叶面光泽，叶片呈船底龙骨形。叶缘朝天，叶脉粗而显、脉数 9 对。叶齿深而疏，35 对。叶尖端向下弯曲。叶长 8.5～10.0 厘米，宽 3.5～4.5 厘米。幼叶淡黄色。萌芽期早。花不多，花期 11 月上旬至 12 月上旬。花冠直径 3.5～4.0 厘米，花瓣大 5 片，小 2 片。花丝粗短，柱头稍长，在 2/3 处分 3 裂，结实性弱。

7. 阔叶种

树高 95 厘米，树冠直径 93 厘米。主干细小，灰白色。枝条细而柔软，较密生。枝干着生角度 30°～40°，枝叶着生角度约 60°。叶薄而阔，色浓绿稍带银灰色，向内皱起。叶缘向上内翻。叶脉粗显，脉数 7～8 对。叶齿浅密，齿数 35～40 对。叶尖长而稍钝。叶长 9.4 厘米，宽 3.3 厘米。花期自 11 月上旬起。花冠直径 5.4 厘米，花瓣大者 4 片，小者 2 片。花丝略长，柱头长 1.3 厘米，3 裂，结实不多。

❀ 圆叶种

❀ 苦瓜种

8. 圆叶种

树高 50 厘米，树冠 52 厘米。主干不显，枝干斜生，略有弯曲，暗灰色。枝干着生角度 50°～70°，枝叶着生角度斜展成 70°。叶片翠绿，叶面平整光滑。叶脉细而不显，脉数 8 对。叶齿略浅，齿数 20～25 对。叶缘向上内翻，叶形如汤匙，叶尖钝如核桃。叶长 5.7 厘米、宽 2.5 厘米。萌芽力弱。花多，结实性中等。

9. 苦瓜种

此茶系产佛国岩，因叶面隆起，有如苦瓜果实之外形而得名。树高 150 厘米，树冠直径 160 厘米，主干土黄色，枝条柔软而有弯曲，枝干着生角度 50°～60°，枝叶着生角度 40°～50°。叶色苍绿，叶肉隆起，面皱如苦瓜，叶缘现波状。叶脉粗而显，脉数 7～9 对。叶齿深而疏，齿数 16～30 对。叶尖端尖而锐，向下弯垂。叶长 10 厘米，宽 3.3 厘米。花稀疏，花期 10 月下旬至 11 月下旬，花冠直径 4.4～5.5 厘米，花瓣大 5～6 片，小瓣 2 片，柱头稍长于花丝，在 2/3 处 3 裂。

基地确定

优越的环境条件是生产优质茶叶的基础。

清代蒋蘅《晚甘侯传》赞武夷茶曰："建溪山水深厚，其大醇，茂而质直。予尝游武夷，浏览三十六峰之胜，见森伯故所，居处山皆石骨，水多甘泉，土性坚而腴。森伯之风味若此，毋亦地气使然耶？嗟夫，以森伯之冷面苦口，虽非如羹之用，使得为御使都谏，其风力顾何如哉？""森伯"指的是武夷山茶。它说明茶叶优良品质的形成与良好生态环境是密不可分的。

"高山云雾出好茶"是自古以来群众耳熟能详的茶谚。我国大多数名茶都产在生态环境优越的名山胜水之间。如黄山毛峰产在黄山风景区境内，海拔 700 ~ 800 米的桃花峰、紫云峰、云谷峰一带。

海拔不同，各类气候因子有很大差别。一般来说，海拔越高，气压与气温越低，昼夜温差也就越大。气温和土壤温度，随海拔高度的变化而变化；在一定海拔高度范围内，海拔每升高 100 米，气温降低 0.5℃。空气湿度和降水量，在一定范围内随海拔的升高而增加，超过一定高度又呈下降趋势。光照强度和光合作用的强度，低海拔地区高于高海拔地区。因此，春季低山茶园开采时间早，高山茶园开采时间迟。就武夷山而言，外山茶早，内山茶迟。

武夷茶园

● 武夷风光　丁李青-摄

　　茶叶的物质代谢受气温的影响。温度高，有利于茶叶体内的碳代谢，有利于糖类化合物的合成、运送、转化，使糖类转化为多酚类化合物的速度加快。当温度低于20℃时，则不利于多酚类化合物的合成。气温低时，氨基酸、蛋白质及一些含氮化合物增加，多酚类化合物含量高，茶叶浓度大；含氮化合物多，茶叶味香鲜爽，耐泡程度高。春季气温相对较低，因此春茶口感要比夏茶好。

　　茶叶鲜叶茶多酚和儿茶素的含量，随海拔高度的升高而减少；氨基酸则随着海拔高度的升高而增加。一些鲜爽、清香型的芳香物质在海拔较高、气温较低的条件下，形成、积累的量大。中国农业科学院茶叶研究所认为：在一定的海拔高度范围内，茶叶氨基酸含量随海拔的升高而增加，产量随海拔高度的升高而减少的。海拔

800 米左右的山区，茶叶有较好的品质和产量。

1995 年，谢庆梓对福建山地气候条件下的茶叶产量、品质影响的研究认为："闽西南海拔＜1 200 米，闽西北、闽北、闽东北海拔＜950 米，是适宜种茶的海拔上限。海拔过高，不仅产量受到影响，而且鲜叶中氨基酸含量也会有所下降。"与 1990 年曾晓雄研究结果"海拔 500 ～ 700 米高度茶叶香气中的醇类、酯类与酮类含量比例较高"基本一致。

茶树的生物产量 90% ～ 95% 是光合作用的产物。在生长过程中，茶树对光谱成分、光照强度、光照时间等有着与其他作物不完全一致的要求和变化。蓝光为短波光，在生理上对氮代谢、蛋白质形成有重大意义。紫光比蓝光波长更短，不仅对氮代谢、蛋白质的形成有较大影响，而且与一些含氮的品质成分，如氨基酸、维生素和很多香气成分的形成有直接的关系。

在光照强度对茶叶物质代谢的影响研究方面，程启坤研究认为："适当降低光照强度，茶叶中氮化合物明显提高，碳水化合物（茶多酚、还原糖等）相对减少。"日本学者原田重雄的研究证实："幼龄茶树的光饱和点为 0.5 卡 [1]／（厘米^2·分钟），当光照强度超过 0.8 ～ 0.9 卡／（厘米^2·分钟）时，光合强度下降；成年茶树的光饱和点为 0.7 卡／（厘米^2·分钟），当光照强度超过 0.9 卡／（厘米^2·分钟）时，光合强度下降。"因此，茶叶最适宜在露重雾多、蓝、紫光丰富的漫射光条件下生长。

原浙江农业大学茶学系周巨根、中国茶叶学会《茶叶科学》常务副主编、编审朱永兴《茶学概论》载："不论春茶或秋茶，在一定的遮阴条件下，均表现出氨基酸含量的增加、茶多酚含量的减少。"由此可见，在常规栽培条件下，适当遮光有利于碳氮比的降低，对提高茶叶品质有利。

碳氮比是茶叶中碳水化合物与氮化合物的比值。碳氮比小，茶叶鲜爽度高，不苦涩，适口性好、品质优；碳氮比大，茶叶苦涩味重、适口性差。就红茶制作而言，用漫射光条件下生产的茶树鲜叶为原料，因含氮化合物高、碳水化合物少以及芳香性物质多等因素，制出的茶叶苦涩味轻、口感好、品质优。

综上所述，高山茶之所以优于低山茶，一是由于高山茶海拔高，气温低，生长

[1] 卡为非法定计量单位，1卡＝4.186 8焦耳。下同。——编者注

慢，开采时间迟，茶叶营养物质积累时间长，芽叶肥壮，内含物质丰富，品质优。二是高山茶海拔高，昼夜温差大，白昼温度相对高，茶树光合作用强，合成有机物多；夜间温度低，茶树呼吸作用弱，养分消耗减少，有效化学成分积累多，品质优。三是高山茶海拔高，云雾弥漫，空气湿度大，茶树接受日光辐射和光线的质量与平地茶树不同。高山茶园漫射光和短波紫外光多，芽叶持嫩性好，鲜叶色绿，游离氨基酸和芳香性物质含量高，纤维素含量少，品质优。

　　武夷金骏眉原料基地，主要分布在武夷山国家级自然保护区内方圆565千米、海拔1 200～1 500米的原生态茶山，降水充沛，湿度大，空气清新，水质纯净，远离城镇，没有交通干道，无

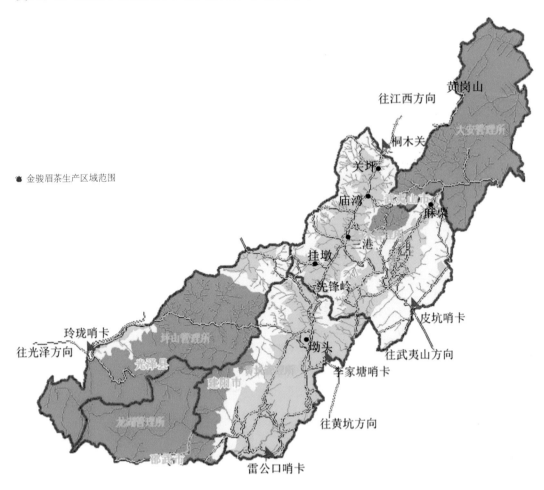

● 金骏眉茶生产区域范围

污染源，无金属和非金属矿山，加之森林密布，植被丰富，生物多样性指数高，土壤疏松肥沃，日出迟，日落早，昼夜温差大，云雾缭绕，水气交融，在漫射光的滋润下茶叶生长旺盛，芽叶壮，持嫩性好，芳香性物质含量高，氮代谢大于碳代谢，为制造珍品金骏眉提供了优良的物质基础。

有机栽培

茶叶是我国传统的食品，也是重要的出口农产品。由于独特的保健功效，目前已发展成为世界上消费量最大的三类无酒精饮料之一。随着人们生活水平的日益提高，对食品的要求，已经从"温饱型"转向"高质量的安全型"，有机茶应运而生。

所谓茶园有机栽培，有两层内涵：一方面是要求茶树能在自然环境中自由地生长，不受或少受不良环境的影响破坏，产出质优、量高的鲜叶原料；另一方面是生产的鲜叶原料对人体健康不会带来不利的影响。

从目前茶叶污染物质的来源看，一方面是来自茶园土壤、水体和大气等自然环境；另一方面则来自农药、肥料、机械等生产原料的投入。为控制和消除茶叶污染，实现茶园低碳有机栽培，必须从基地的选择，到茶园的土壤、肥料、病虫防治等方面，严格采取措施，按照有机标准进行综合治理。

红壤茶园套种青皮豆对土壤理化性状及养分含量的影响

试验处理	容量(克/厘米²)	孔隙度(%)	团粒结构(%)	pH	有机质(%)	全氮(%)	速效磷(毫克/千克)	速效钾(毫克/千克)
青皮豆套种区	11.7	69.8	32.9	5.0	2.228	0.117	12	61
对照区	1.65	41.3	19.2	4.2	1.698	0.069	3	45
比对照	-0.48	+28.5	+13.7	+0.8	+0.53	+0.05	+9	+16

1. 不施化肥、农药

化肥、农药的大量施用，既增加了生产过程中温室气体的大量排放，又极大地破坏了土地的生态平衡及相关水源的安全，是导致环境整体平衡失控及安全污染的重要源头，也是茶叶质量优质及安全的重要障碍。

套种绿肥，培肥地力

茶园套种绿肥的目的是改良茶园土壤的理化性质，提高土壤肥力，促进茶树的生长，是有机茶生产过程中行之有效的一项措施。

青皮豆是茶园优良的绿肥品种。1985年，徐庆生等人的研究结果表明：在适宜的播种期内（清明至谷雨前后），适当提早播种，分次割青填埋，套种一亩青皮豆，其茎叶可为土壤提供氮12.04千克、磷2.25千克、钾9.28千克。既可有效解决茶园的有机肥问题，又对改善土壤的理化性状及茶园生态环境具有重要作用。

行间覆草，增肥增效

茶园行间覆草是有机茶生产中重要的土壤管理措施。既可减缓地表径流速度，促使雨水向土层深处渗透，防止地表水体流失，增加土层蓄水量，抑制杂草生长；又有利于土壤生物繁殖，增加土壤有机质含量，改善土壤理化性状，提高茶园肥力，对促进茶树生长、提高茶叶品质具有重要的作用。

1992年许允文研究证实，覆草茶园鲜叶产量比不覆草茶园增加20.8%，鲜叶氨基酸含量提高

❀ 行间覆草，增肥增效

❀ 翻土晒白，提高肥效

❀ 施用肥饼，均衡肥力

0.13%、茶多酚提高 5.74%、咖啡因提高 0.26%、水浸出物提高 5.1%。同时，还可以稳定土壤的热变化，夏天防止土壤水分蒸发，冬天保暖防冻。

翻土晒白，提高肥效

武夷山茶区素有"七挖金，八挖银，九挖铜，十挖土""秋季深挖一寸，胜似茶园上粪""茶地晒得白，抵过小猪吃大麦"的说法。意指农历七、八月为深挖翻土的最佳时期。因为此时开挖，一则断根再生能力最强；二则此时草籽尚未成熟，深翻后草籽来年不会发芽。如在九、十月开挖，此时草籽已成熟，草除了，但种子留下了，作用不大。

深耕翻土一定要有"深度"。深翻出来的土一定要经太阳晒足，方可回填。秋季气温高，适时挖土，深耕晒白，能促进土壤分化，提高土壤速效氮、磷、钾及微量元素的含量，有利于断根和长出新根向更深处发育。武夷金骏眉每年只采摘春芽，所以原则上每年都进行一次深耕，对来年产量没有影响。当然，深耕翻土要讲究方法，不能离根际太近，否则会因伤根过多，抑制养分吸收，影响来年产量。

施用饼肥，均衡肥力

饼肥施用一般与秋季深耕翻土晒白后的回填一并进行，一年一次。

饼肥是油料作物种子榨油后剩下的残渣，含有丰富的有机质和较高的氮素，是氮、磷、钾养分齐全的优质有机肥料。据有关部门测定，饼肥一般含有机质75% ~ 85%、氮 2% ~ 7%、磷 1% ~ 3%、钾 1% ~ 2%。饼肥肥效持久，茶园施用饼肥不仅能增加茶叶产量、提高茶叶品质、增加茶叶的香气，而且还能增加土壤中微生物的数量，增强土壤中蛋白酶、转化酶、淀粉酶、磷酸酶、脱氢酶等多种酶的活性，改善土壤环境。同时，还可减轻因缺少磷、钾肥引发的茶饼病、炭疽病、赤星病、红锈病等危害。另据日本一项研究证实，当使用豆粕、鱼粕等一类饼肥时，1 ~ 2 年后，茶芽中碱性氨基酸，特别是精氨酸含量明显减少，使之不利于刺吸式口器害虫（蚜、螨类）的发生，下降虫口密度。

饼肥施入茶园土壤一般需用 20 天左右才能分解，所以宜在秋季进行，因为此时温度高，易于分解，被茶树根系吸收，为来年丰产奠定基础。

饼肥的种类很多，有豆饼、菜籽饼、麻籽饼、棉籽饼、花生饼、茶籽饼等。茶园以施用菜籽饼、棉籽饼、茶籽饼较为经济，每亩用量一般不超过 50 千克。

2. 精耕细作，防除杂草

武夷金骏眉茶园水土条件好，四周生态环境也好，杂草极易生长。杂草不仅会与茶树争光、争肥、争气，而且是病虫栖息的场所和传播的媒介，一有疏忽，就易造成草荒及病虫害的发生，从而影响茶叶的生长。

武夷金骏眉茶园不实施化学除草剂，而是采用传统的农业措施。通过精耕细作，去除、防止草害。对于茶园行间已经铺草覆盖后生长的杂草，如狗牙根、葛根、白茅、香附子、络石藤等恶性杂草，采用人工去除；一般性的杂草不必除净，应保留一定数量，可调节茶园小气候，改善茶园生态环境，利于天敌栖息，防治茶园害虫。

对于一些没有条件铺草覆盖的茶园，一般在春茶开采前进行一次浅耕削草（约 10 厘米左右），去除越冬杂草。春茶采摘结束后再次浅耕削草，疏松被采茶踏实的表土。6 月份梅雨季节结束后，进行第三次浅耕削草。第四次浅耕削草是在秋季杂草开花结籽时进行，这对防止第二年杂草生长有非常重要的作用。

3. 适时排灌，抑制病虫

茶叶云纹叶枯病、赤叶斑病、白绢病等常常在干旱季节流行。因此，夏季灌溉既抗旱，又对防止上述三种病害的发生有明显效果。排水不畅、地下水位过高，茶树根病、红锈藻病和茶长绵蚧等病虫害发生严重，适时排水对上述病虫害有明显的抑制作用。

4. 修剪台刈，治理病虫

定型修剪、轻修剪、深修剪、重修剪、台刈是茶树树冠管理的五种方法。武夷金骏眉因每年只采摘春季茶树上的单芽为原料，因此要求单芽饱满，百粒芽要重。所以在品种的选择上，除考虑香型等品质因素，皆选用芽叶生育力强的品种。通过深修剪、重修剪、台刈相结合的办法对金骏眉茶园的茶树进行修剪，一方面可促进第二年芽叶的健壮抽生；另一方面可以通过修剪疏枝，去除钻蛀性害虫、茶树茎病和茶树上的卷叶蛾，让蓬脚通风，对抑制蚧类、粉虱类害虫有非常好的效果。茶园修剪、台刈下来的茶树枝叶要集中堆放、集中处理，而后回归茶园土壤中。这是增加茶园有机质、提高养分的循环利用、减少元素损失的极好方法。

5. 直接捕杀，防治害虫

利用人工或简单器械捕杀害虫。如震落有假死习性的茶黑毒蛾、茶丽纹象甲，用铁丝钩杀天牛幼虫，用牛粪诱杀蝼蛄。对茶尺蠖、黑毒蛾等害虫，则采用将未交配的活体雌虫固定在一个小笼中，下置水盆，利用其释放的性外激素来诱杀求偶雄虫。对茶毛虫卵块、茶蚕、蓑蛾、卷叶蛾蛹、茶蛀梗虫、茶雄沙蛀虫等目标大或危害症状明显的害虫，采取人工捕杀的方法；对局部发生量大的介壳虫、苔藓等则采取人工刮除的方法防治。

6. 保护生态，调控虫害

生物多样性对调控茶园虫害有积极的作用。一方面，生物多样性能为多食性害虫提供广泛的食物和补充寄主，丰富了食物链的结构，有利于天敌发挥自然控制作用；另一方面，植被复杂、结构多样的生态环境有利淡化或免除害虫寻找寄主集中产卵繁殖，甚至改变害虫的运动行为，使害虫迁出率高、定殖率低，从而减轻害虫的种群数量。

在以茶树为中心的茶园生态系统中，茶树、病虫、天敌等形成了一个复杂的生物群落，它们通过营养循环的形成，同时存在、互为依存、互为制约，并在一定条件下互为转化。遵循"防重于治"的原则，保护好茶园环境的生态平衡以及茶园周围的生态环境，提高茶园系统内的自然生态调控能力，从而抑制茶园病虫害的暴发，是有机茶生产过程中的重要技术环节之一。

武夷山国家级自然保护区良好的森林生态系统，造就了昆虫种类的多样性，形成

了协调的生物链，各种生物相互依存、制约、高度制衡，为茶山构筑了"天然的保护屏"，无病虫害威胁。

武夷金骏眉茶园分布于武夷山国家级自然保护区内，周边没有污染源，生态环境好，生物链完整平衡，土壤自给肥力高，栽培过程通过套种绿肥、覆草、深耕翻土晒白、修剪台刈、人工除草、施用饼肥，平衡茶树生长，抑制病虫草害，不施用化肥、农药，先后通过国内多家权威机构的有机认证；金骏眉是消费者可以信任、放心饮用的绿色有机安全食品。

二　金骏眉加工

金骏眉是正山小种红茶的珍品。与正山小种红茶相比，它省去了熏焙的工序，对原料的要求更高，制作更精细、更严格，环环相扣，把握不好，就会影响品质。

适时得法采青

宋徽宗赵佶《大观茶论·天时》云："茶工作于惊蛰，尤以得天时为急。轻寒，英华渐长，条达而不迫，茶工从容致力，故其色味两全。"宋子安《东溪试茶录·采茶》载："凡断芽必以甲，不以指。以甲则速断不柔，以指则多温易损。择之必精、濯之必洁、蒸之必香、火之必良，一失其度，俱为茶病。"

鲜叶采摘质量的好坏是决定成茶品质优劣的重要因素。没有采摘过程中高质量的鲜叶，无论其种植时的环境条件、品种资源如何优质，以及加工时的工艺流程、加工工具如何精良，都不可能生产出高质量的成品茶来。

红茶内在品质的优劣是由茶叶中各种化学成分的种类、含量与比例所决定的。这些化学成分对品质的影响程度是各不相同的。有关部门研究认为，主要成分与红茶品质之间的相关系数分别是：茶多酚 0.920，茶黄素 0.875，茶红素 0.633，氨基酸 0.864，咖啡因 0.654，茶褐素与汤色之间的相关系数为 - 0.797。除茶褐素，其余成分与品质呈正相关，尤其是多酚类物质，茶黄素、氨基酸对品质的影响较大。

芽头的老嫩程度是决定红茶品质最基本、最重要的条件之一。过早采摘，虽然

有利于茶叶外在条形的形成，但生物学产量低。同时，由于蛋白质含量较高，多酚类物质总量低，特别是酯型儿茶素 L-EGC 含量低，在制造过程中蛋白质易与儿茶素类物质结合，形成不溶性物质，减少茶黄素类物质形成的量，影响内在品质。过迟采摘，虽然生物学产量较高，但因茶叶可溶部分含量降低，与成茶品质呈负相关的粗纤维明显增加，影响品质。相对而言，在一定时期内，芽头嫩度越高，决定成茶品质的有效成分含量就越多，成茶品质也就越好。

金骏眉对鲜叶原料要求非常严格。一年只采一次，只采春芽。以淡绿芽为上，浅黄色芽、紫芽为中，墨绿芽为次。芽头要求匀净、新鲜。当天采，当天做。轻采轻放，雨天不采。

氨基酸是红茶鲜味的主要来源，与红茶滋味关系密切。游离氨基酸的季节变化规律是春高、秋低、夏居中，其中对红茶滋味影响最大的茶氨酸、谷氨酸、天门冬氨酸的含量也是随季节的变化呈现春高、秋低、夏居中的趋势。因此，金骏眉在采摘上特别强调嫩采、及时采，以增加游离氨基酸等内含物质的相对含量，提高鲜叶原料的品质。

增氧加温，适度轻萎凋

萎凋是金骏眉制作的第二道工序。萎凋的目的，一是让进入工厂的茶叶芽头，在一定的条件下均匀地散失适量的水分，使细胞张力减少，叶质变软，便于成条，为揉捻工序创造物理条件；二是随着茶叶芽头水分的散失，细胞液逐渐浓缩，酶活性增强，引起内

🍵 桐木正山小种萎凋老厂房

含物质发生一定程度的化学变化，散失青草气，为发酵工序创造化学条件。

萎凋的方式多种多样，有自然萎凋、人工萎凋和日光萎凋三种方法。自然萎凋指鲜叶水分的散失及叶内各种物质的化学变化在自然状况下进行。所以从理论上讲，采用自然萎凋的制茶品质应优于其他萎凋方式。但由于金骏眉原产地桐木一带，春季雨水多，空气湿度大、气温偏低，鲜叶水分不易蒸发，叶组织的脱水作用常常不能正常进行，化学变化缓慢，萎凋质量受到影响。

为克服不利气候的影响，提高萎凋工序的效率和质量，武夷金骏眉以人工室内增氧加温萎凋为主，日光萎凋为辅。

1. 室内增氧加温萎凋

传统室内加温萎凋称"焙青"。焙青设"青楼"，分上下两层，中间用搁木横档隔开，横档每隔三四厘米一条，不设楼板。横档上铺设青席，供萎凋时摊叶用。搁木下 30 厘米处设焙架，供干燥时熏焙用。用该方式加温时，室内门窗关闭，然后在楼下地面上直接燃烧松柴，开始升温。热空气通过湿坯上升到楼上，待室温上升至 28 ~ 30℃时，把鲜叶均匀抖散在青席上，进行萎凋。由于室内门窗紧闭，浓烟烈熏，生产者眼睛和呼吸道易受损伤，影响身体健康。

金骏眉室内增氧加温萎凋，用增氧机增氧，用槐炭燃烧加温。用该方法进行人工萎凋，易于调控温湿度，芽头萎凋均匀，质量高，且由于不用松柴燃烧加温，安全、干净、卫生，对生产者的眼睛和呼吸道没有损伤。

槐炭是用槐木段烧制成的木炭，具有燃烧时间长、火焰旺、热值高、不冒烟、无异味的特点。

萎凋程度的轻重，对金骏眉的外形、内质有重要的影响。研究结果表明，当萎凋叶含水量低于 60% 时，茶黄素就会大幅度减少，鲜爽度就会迅速降低。萎凋不足，成茶味淡、水薄、青涩，外形欠油润、易碎。萎凋过重，发酵叶的酶活性下降，不利茶黄素的保存，会使成茶叶底发黑，汤色失去光鲜度，品质变差。适度轻萎凋能防止多酚类物质过多消耗，有利于多酚氧化酶的活性；同时，由于水分是化学反应不可缺少的介质，适度轻萎凋，能使芽头保留较多的水分，利于获得较多的茶黄素。

金骏眉适度轻萎凋的标准是：萎凋叶含水量应控制在 70% 左右。眉芽表面光泽消失呈暗绿色，眉芽柔软、手捏成团，松手不易弹散，部分青气消失并散发出一定的清香。

萎凋温度是影响萎凋过程化学物质转化的另一个重要原因。温度越高，水分蒸发量越大，萎凋速度越快；温度过高，会使多酚类物质氧化损失过多，茶黄素的形成减少，对金骏眉的品质不利。所以，加温萎凋的温度宜控制在 25 ~ 35℃范围，因为此时茶黄素的积累量较高，多酚类物质、儿茶素的保留量也较多。1980 年，湖南茶科所测试不同萎凋温度对萎凋叶和毛茶成分的影响，证明了这一点。

不同萎凋温度对萎凋叶和毛茶成分的影响

萎凋温度		25℃	30℃	35℃	40℃	45℃	50℃
萎凋叶	多酚类物质(%)	21.40	21.96	21.74	18.76	18.74	18.15
	儿茶素(%)	18.56	17.25	17.58	17.37	16.72	13.48
	氨基酸(%)	3.07	2.91	2.85	2.93	2.83	2.68
	水浸出物(%)	38.17	38.11	36.40	36.36	34.61	34.69
毛茶	茶黄素(%)	0.80	0.83	0.82	0.71	0.75	0.54
品质化学鉴定得分（100）		61.20	60.84	58.11	51.20	54.38	44.95

资料来源：湖南茶科所，1980年。

萎凋过程，实质上是鲜叶化学成分化学变化的初级过程，诸如提高多酚氧化酶的活性，使蛋白质水解形成更多的氨基酸，淀粉和原果胶水解产生可溶性糖和可溶性果胶等。这些化学变化都必须经历一定的时间，但如果时间太长，又会损耗基础物质；萎凋时间过短，化学变化就难以完成。金骏眉萎凋以 10～12 个小时为宜。

萎凋需要一定的氧气。金骏眉用增氧机补充氧气，品质大大提高。

2. 日光与室内增氧加温萎凋结合

日光萎凋是利用茶厂附近空地向阳位置搭建"青架"，高 2.5 米，宽 4 米，长度依地方大小而定。架上铺设用原竹编成的竹簟，竹簟上再铺青席，供晒青用。这种青架远离地面，清洁卫生，上下空气流通，有利萎凋进行。萎凋时将芽头抖散在青席上，厚度以薄为好，一般不超过 2 厘米。视日光强度，每 10～20 分钟翻拌一次，约翻 2～3 次，至芽头萎软，手握如绵，叶面失去光泽，梗折不断，青气减退、略带清香，移入室内。传统的做法，此时即可进行揉捻。

金骏眉芽头肥壮，日光萎凋，其程度一般难以均匀。因此，移入室内，待水分重新分布后，再利用增氧加温，进行继续萎凋，至萎凋适度为止。用这种方法，由于芽

● 初揉

头萎凋充分，可溶性氮和咖啡因含量高，因而成茶茶黄素含量高、品质优、汤色金黄。

分段揉捻

所谓揉捻，即用揉和捻的方法将茶叶缩小卷成条形。揉捻的目的，一是使鲜叶在外力作用下、破坏细胞、溢出茶汁、加速多酚类化合物的酶促氧化，为提高成茶品质奠定基础。由于多酚类化合物的氧化随揉捻的开始而逐渐加剧，因而计算红茶"发酵"的时间，一般是从揉捻开始。二是使茶叶揉卷成竖直的条索，缩小体形，塑造美观的外形。三是茶汁溢聚茶条表面，冲泡时易溶于水，形成光泽，增加茶汤浓度。金骏眉采用机械揉捻与手工揉捻相结合的办法进行。具体有如下三道工序：

☙ 解块

☙ 手工复揉

1. 初揉

即把适度轻萎凋的金骏眉芽头移入揉捻机内，进行揉捻。金骏眉芽头持嫩性好，揉捻必须讲究方法，揉捻不当，就会影响或破坏成茶外形和条索。

"嫩叶轻压"，"轻萎凋轻压"。金骏眉萎凋芽正确的揉捻方式是：先轻揉、慢揉，让眉芽相互充分碰撞、摩擦，产生热量，提高叶温，增强酶的活性，加快多酶类物质的酶促氧化。待眉芽十分柔软之后，再缓慢加压，揉至茶汁大量流出，欲滴未滴，眉芽呈小团状，茶胚呈褐色并带有甜香味为止。整个过程持续 35 ~ 40 分钟，室内温度控制在 22 ~ 26℃，相对湿度保持在 95% 左右。

2. 解块

即用于解散初揉时眉芽结成的团块，散发热量，降低叶温，去除老叶及初揉过程中折断的芽尖。

● 悬挂式增温加氧发酵技术　李少玲-摄

3. 手工复揉

使用揉捻机对萎凋芽进行揉捻，常常由于加压过重，使揉盖与揉盘产生的正、反压力相互作用，揉桶推力减弱，眉芽在揉桶内形成平面移动，眉芽受压成扁条，很难形成浑圆紧直的条索，通过手工施以复揉，有助于进一步紧缩眉芽，形成理想的条索外形。

揉捻的过程，同样需要消耗大量的氧气，应注意及时补氧，使供氧量超过耗氧量，这对提高金骏眉的成茶品质有重要作用。

悬挂式增温加氧发酵

据多年的观察测定，发酵房内上层气温一般要较中、下层高5 ～ 10℃，上层湿度也较中、下层高。悬挂发酵即利用上、中、下温湿度的差异，将复揉后的金骏眉眉芽装入竹编的箩筐内压紧，悬挂在室内距地面2/3处，筐内装茶，然后，在上盖以浸湿的厚布，保持湿度，厚度以30 ～ 40厘米为宜。装叶较多，可在中间挖一洞，以便上下通气，为

发酵提供良好的条件。

　　"发酵"实质是以多酚类物质的酶促氧化为中心，它是形成金骏眉色、香、味品质特征的关键工序。温度、湿度和氧气量是影响茶多酚酶性氧化重要的环境条件。

1. 温度

　　温度对发酵质量的影响最大。一般认为，在发酵前期要求稍高的温度，以利于提高酶的活性，促进多酚类物质的酶性氧化，形成较多的茶黄素。发酵中、后期要逐渐降温，以减少多酚类物质的损耗，减缓茶黄素向茶红素、茶红素向茶褐素转化速度，以利茶黄素的积累。发酵温度过高，会自动加速茶黄素向茶红素的转化，所形成的茶红素能与氨基酸类结合，生成色褐、味淡的茶褐素，影响成茶品质。金骏眉采用加温发酵，叶温保持在30℃，室内气温控制在24～25℃为宜。

2. 湿度

发酵环境应保持很高的湿度。环境湿度过低，发酵叶含水量减少，多酚类物质的氧化自动加速，茶褐素积累过多，成茶叶底较暗，汤色差、滋味淡。所以金骏眉发酵应在高湿环境中进行，要求相对湿度必须达到95%，以利提高酶的活性和茶黄素的形成。在生产上通常采用喷雾或洒水等措施进行增湿。

3. 氧气

发酵需要大量的氧气。据中国农业科学院茶叶研究所测定，制造1千克红茶，在发酵中每小时要耗氧4～5千克。若氧气不足，发酵就不能正常进行。

发酵还会产生大量的二氧化碳。据测定，从揉捻开始到发酵结束，每100千克茶叶可释放30千克的二氧化碳。因此，发酵场所必须保持空气流通。金骏眉在萎凋、揉捻、发酵等环节，均采用人工增氧机增氧，这是金骏眉优良品质形成的不可忽视的一个重要因素。

4. 时间

发酵时间必须适度。延长发酵时间，茶褐素会进一步转化成水不溶性物质，造成多酚类物质氧化量增多，茶黄素不仅难以增加，反而趋于减少，使茶叶品质失去鲜爽的基础。实践证明，金骏眉发酵的时间以 8 个小时为好。

5. 轻重

"宁可偏轻，不可过度。"金骏眉发酵程度以适度偏轻为好。这是由于发酵叶进入干燥工序后，叶温受火温影响是逐步上升的，酶的活性不仅不能在短时间内被立即破坏停止，反而会有一个短暂的活跃时间，在这个短暂的时间里酶促氧化进行得异常激烈，直到叶温上升破坏了酶的活化后，酶促氧化才会停止。多酶类化合物的非酶促氧化在湿热作用下仍会进行，到足干时才会基本停止。在生产上如果以适度发酵或适度偏重发酵为准，在干燥过程中往往易造成发酵过度或严重过度、品质降低的问题。

干燥

干燥是金骏眉加工的最后一道工序，同时也是决定金骏眉品质的最后一关。干燥的目的，一是利用高温破坏酶活动，停止酶促氧化；二是蒸发水分，紧缩茶条，使茶条充分干燥，防止非酶促氧化，保持品质；三是散发青臭气，进一步提高和发展香气。

干燥的方法，有烘笼烘焙和烘焙机烘焙等。烘笼烘焙是用竹制烘笼，木炭加热烘焙。该方法设备简单，烘焙出来的茶叶香气好、质量高，是武夷山茶区民间广泛使用的传统制法。

金骏眉采用烘笼，槐炭加热烘焙。其方法是在烘笼内底铺垫一层江西铅山产的连四纸，在连四纸的上面，置 1～2 厘米厚、经适度偏轻发酵的眉芽，在眉芽上面再盖一

层连四纸。

连四纸，洁白莹辉，细嫩绵密，平整柔韧，有隐约帘纹，防虫耐热，永不变色，可重复使用，素有"寿纸千年"之说。用之作为金骏眉干燥之下垫、上覆，由于其吸水性好，能均衡眉芽水分，有利加快金骏眉眉芽干燥的速度。同时，还可防止因在干燥过程中茶沫、茶片坠入火中，影响茶叶品质。

金骏眉烘焙分两次进行。第一次称毛火，第二次称足火，中间要经过半个小时左右的摊放。毛火温度110℃，持续时间一个半小时左右。高温快烘是技术要领，这是因为从烘焙开始到眉芽有一定干度的时间里，眉芽水分多，叶温高，处于湿热状态。若烘焙温度低、时间长，一方面多酚类物质的自动氧化会非常迅速，茶黄素和茶红素向茶褐素的转化也十分激烈，造成过度发酵，对品质极为不利；另一方面，由于热蒸作用，产生闷黄，使眉芽色泽转暗，香气变得低闷，鲜度下降，影响品质。

研究表明，多酚氧化酶对温度的反应，40℃以上时，其活性才开始下降；80℃以上时，酶蛋白发生变性，失去活性。所以，要保证金骏眉的品质，毛火时必须采用高温快烘的办法，迅速破坏酶促氧化，消除湿热作用。

  茶叶不愉快的芳香成分，一般沸点低，会在烘焙过程中挥发逸散。高沸点的芳香成分，一般都具有良好的香气，在毛火中不能完全透发，必须在更高的温度下才能透发。温度低，香气不纯；温度过高，芳香成分又会丧失。

  金骏眉足火，采用高温短时的方法。其温度在130℃左右，持续时间半个小时。这是金骏眉独特香气形成的一个重要技术措施。

  金骏眉烘焙充分，不但香气清纯、品质优，而且含水量低，一般在 3% ~ 4%，可较长时间保存而不会变质。

第五章 · 金骏眉品质特征及贮藏

武夷金骏眉之所以备受消费者推崇，是由于受独特生态所润，吸甘露霄降，承四百余年传统正山小种之工艺精华，创造形成的特殊品质。2008 年 7 月 16 日，以我国著名茶叶专家骆少君为组长的六名茶界专家，鉴定给出的结论是："金骏眉创意新颖、原料生态、制工精湛、品质优良。"

一　品质特征

　　色、香、味是构成茶叶品质的三大主要因素，其优劣体现在外形与内质两个方面。内质优劣由茶叶中各种化学成分的种类、含量、比例及做工是否得法而定，体现在茶叶的滋味、汤色、香气、冲次和叶底上；外形主要由茶叶的老嫩程度和不同的制茶工艺所决定，体现在茶叶的条索、色泽和整碎度上。武夷金骏眉最显著的品质特征如下：

形美色润

　　茶叶的外形特征，指的是茶叶的条索、色泽和整碎度。包括干茶的形状、色泽和叶底的形态两个部分，与原料采摘的嫩度、做工密切相关。

　　条索是指茶的外形规格。一般来说，条索紧、身骨重、圆而挺直，说明原料嫩度好、做工精、品质优；如果外形松、扁碎，有烟焦味，说明原料老、做工差、品质劣；茶叶色泽与原料嫩度、加工技术有密切关

系。各种茶均有一定的色泽要求。好茶色泽一致，光泽明亮、油润鲜活；如色泽深浅不一，暗而无光，说明原料老嫩不一，做工差、品质劣。整碎度是衡量茶叶外形品质的重要方面。它与茶叶生长环境、鲜叶质量、制作是否精细有关；匀整为好，断碎为次。一般而言，茶叶嫩度好、做工精细，外形匀整度就高，否则就易断碎。净度好的茶，不含异杂物，没有异味、烟焦味和熟闷味。

武夷金骏眉，原料生态，制作精细，干茶有锋苗；条索紧秀圆直，稍弯曲；色泽均匀，油润发亮，乌中透金黄；净度好，没有异杂物；叶底柔软有弹性，形如松针，呈亮丽的古铜色。

汤色金黄

汤色是茶叶内各种色素溶解于沸水中所表现出来的颜色。其呈色成分主要有：

叶绿素 A、叶绿素 B、茶黄素、茶红素、茶褐素、花青素等。色度、亮度、清浊度是三大审评要素。品质好的红茶，茶黄素含量高，汤色清澈透明有光泽，带有金圈。品质差的红茶，由于茶黄素含量低，汤色混浊，有大量悬浮物，透明度差。

武夷金骏眉，以头春茶树芽头为原料。所选用的茶树品种，皆多酚类物质、儿茶素含量较高，其中尤为重要的是酯型儿茶素和没食子儿茶素含量又相对较高。在制作的过程中，除严格把握酶促氧化的温度和时间，采用了增氧悬挂式发酵的技术，工艺精细考究，茶黄素含量高。故汤色金黄，明亮清澈，"金圈"宽厚，久置有乳凝，乳浆呈亮黄色，黏性强。

乳凝，俗称"冷后浑"。"冷后浑"的物质基础是茶黄素、茶红素与咖啡因的络合物。这种络合物的溶解度，随温度的变化而变化；温度高时溶解，温度在 40℃ 以下时，呈乳凝沉淀状态。"冷后浑"的程度和色泽与红茶品质呈正相关。是否产生"冷后浑"以及"冷后浑"的颜色如何，主要取决于茶黄素含量的高低。只有当茶黄素含量较高时，才容易产生"冷后浑"，而且"冷后浑"后的颜色呈亮黄浆色至橘黄浆色。茶黄素含量过低，不容易产生"冷后浑"，即使产生"冷后浑"，其颜色也常常呈暗黄浆色。故"冷后浑"是红茶品质好的表象，可作为判定红茶品质优劣的一种方法。

入口甘甜

茶叶的滋味成分，主要有茶多酚、氨基酸、嘌呤碱、花青素、无机盐及糖等。茶多酚呈涩味，氨基酸呈鲜味，嘌呤碱、咖啡因、花青素等呈苦味，无机盐呈咸味，糖呈甜味。

浓稠度、强度和鲜爽度，是决定茶叶滋味的三大因素。茶汤浓稠度的大小主要由多酚类物质及其氧化产物、氨基酸、咖啡因、可溶性糖和其他可溶物等水溶性物质的多少决定。浓稠度大，代表茶叶水溶性物质多，茶汤成分含量高，滋味好、品质优。茶汤强度的大小主要由能给味觉器官带来收敛感和刺激感的儿茶素、茶黄素的多少决定。茶汤的鲜爽度主要来自茶黄素与咖啡因形成的络合物。甜味主要来自水溶性糖和部分游离氨基酸。

品尝茶滋味的正确方法是：将茶汤含在嘴里，用舌头在口腔中来回打转，让茶汤与口中味觉细胞充分接触，以鼻子呼出口中气味，然后慢慢将茶汤咽下，这样才能真正感受茶汤的滋味。

"人走茶凉"是每个中国人耳熟能详的谚语，出自京剧《沙家浜》，是著名作家汪曾祺先生"为阿庆嫂唱腔"写的自创语。它表示世态炎凉，当权的人离开岗位以后，对别人没有利用价值，人家就忽视他了。凉茶较热茶比，一般苦涩味会来的更重一些，它为茶人品鉴茶的好坏提供了另一条思路。热品、凉饮同样绵顺滑口的茶，才是真正的好茶。

武夷金骏眉，原料生态，内含物丰富，品质优，经原农业部茶叶质量监督检验测试中心检测，其水浸出物达45.8%，茶多酚18.1%，游离氨基酸6.0%，茶汤浓稠度高，入口甘醇，水中带甜，甜中带香，回甘持久

清远，无论热品、冷饮皆绵顺爽口。

韵香十足

艺术大师丰子恺先生有诗云："常喜小中能见大，还须弦外有余音。"好茶有韵味。何为"韵"，明人陆时雍《诗锐总论》云："有韵则生，无韵则死；有韵则雅，无韵则俗；有韵则响，无韵则沉；有韵则远，无韵则局。物色在于点染，意态在于转折，情事在于犹夷，风致在于绰约，语气在于吞吐，体势在于游行，此则韵之所由生矣。"

　　茶的韵味通过香气得以体现，香气的形成与生长环境有密切关系。我国茶叶专家、首批国家级非物质文化遗产——大红袍制作技艺传承人叶启桐研究发现："与兰花同生的，其味常常带有兰花香；周围环绕桃林的，其味有蜜桃香；与草药同处的，有草药香；附近有苔藓地衣的，必带苔藓地衣之味等。"

　　判定茶叶的香气：一是看纯正与否，有无异味；二是看类型，高低、清浊；三是看持久的程度。香气以高长、鲜爽、馥郁者为好；高而短者次之；低而粗者则又次之。凡高档茶一般都具有花香、果香或蜜糖香。凡带有烟、馊、霉、烂、焦等气味的，均是品质不佳的表现。

　　武夷金骏眉茶园周边林木层叠、奇花异草，山间多丛生马尾松、槠、栲、朴、栎等树木及芒萁骨、石松、蕨、兰花等草本植物。茶生树木、花草间，一方面，树木的枯枝落叶、花草植物的残体腐烂后留在茶园里，为茶树生长提供了丰富的营养物质。另一方面，茶树吸收了树木与花草的香气，而富含香叶醇、苯乙醇、芳樟醇等花香物质，水杨酸甲酯、橙花叔醇等果香物质，顺－己酸－3－己烯酯鲜香物质，以及乙酸苯甲酯等似蜂蜜的甜香，形成了天然复合型的花果蜜香，明显的高山韵香和持久的韵味，更增添了金骏眉茶品的魅力。

十分耐泡

耐泡度是衡量茶叶品质好坏的重要指标。一泡汤、二泡茶、三泡四泡是精华，在通常情况下，一泡茶以能连续泡冲 5 次以上，而茶之原本香味与汤色不会因冲泡次数的增加而马上消退者为好。武夷金骏眉原料生态、内含丰富、身骨重、冲泡之后不仅下沉快，而且极为耐泡，可连续冲泡十二三次以上，水色变化不大，依然金黄、有香有味。

二　辨别

因品质卓越，金骏眉如今已成为中国顶级红茶品质的象征和代名词。有的茶企为片面追求高额利润，不顾金骏眉原料生态的稀缺性特点，大量利用外山茶、低山茶、夏秋茶，仿制生产金骏眉，制造"山寨版"，充斥、扰乱市场，损害消费者利益。掌握真品金骏眉的辨别方法，有助于消费者练就火眼金睛，免遭"山寨版"的侵害。

高山金骏眉与平地金骏眉的区别

真品金骏眉，原料生态，来自高山，海拔一般在 1 200～1 500 米；只用春茶的芽头，原料稀缺，价格高。"山寨版"金骏眉多为平地茶叶，原料来源广泛，价格相对低。高山金骏眉与平地金骏眉相比，由于生态环境有别，光合作用的强度不同，

🐾 高山金骏眉

🐾 平地金骏眉

碳代谢与氮代谢的比率是不同的，不仅茶叶形态、色泽不一，而且内质也不相同。同样重量，高山金骏眉的体积要比平地的体积小得多。两者在品质上的区别是：

1. 高山金骏眉

高山金骏眉氮代谢相对旺盛，芽头肥壮、大长，色泽多呈淡黄绿色，且有白色绒毛，鲜嫩度好。成茶具有特殊的花果蜜香，有明显的"高山韵味"，而且香气高清持久，滋味浓醇，耐冲泡，条索紧秀，身骨重，油润，白毫显露，乌中透金黄。

2. 平地金骏眉

平地金骏眉碳代谢旺盛，鲜叶芽头偏短小、叶色深绿少光。成茶条索短小、身骨轻，色泽暗黄，香气相对较低，滋味较淡，叶底绵薄、没弹性，叶张易平展。香气和滋味与高山金骏眉有本质的区别。

春、夏、秋季金骏眉的区别

春茶、夏茶与秋茶，由于所处时节的温湿度、光照强度不同，生长的速度与内含物是不同的。武夷金骏眉每年只在春季采摘单芽，"山寨版"金骏眉则多采夏茶、秋茶的单芽。

1. 春季金骏眉

越冬后茶树第一次萌发的芽叶制成的茶叶称为春茶。武夷金骏眉选用春季茶树的芽头，每年5月底前进行。由于春季温度适宜，降水充沛，加之茶树经上年采摘后，历经夏、秋、冬三个季节的休养生息，茶芽体内营养物质丰富，芽头饱满，氨基酸、芳香物质、维生素C含量高。用之制作金骏眉，条索紧秀、重实、色泽乌润，有锋芒。茶叶冲泡下沉快，香气清高持久，滋味鲜爽醇厚，汤色清澈金黄透亮带金圈，耐泡度高，叶底柔软、厚肥有弹性，芽缘锯齿不明显。

2. 夏季金骏眉

每年6月初到7月初采摘制成的茶叶叫夏茶。夏季气温高，光线照射强烈，茶树生长快，碳代谢旺盛，大量合成茶多酚，用之制成的金骏眉条索松散不紧结，色泽红褐；冲泡时，茶叶下沉慢。香气欠高，汤色红暗，滋味欠厚，比较苦涩，不如春季金骏眉鲜爽，叶底较粗硬，芽缘锯齿明显。

3. 秋季金骏眉

秋茶指的是每年7月中旬以后直到当年茶季结束采摘制成的茶叶。经过春、夏两季的采摘，茶树体内贮存的营养物质已大量消耗。用之制作金骏眉，条索瘦小，大小长短不一，轻漂，色泽暗红，香气不高，滋味淡薄，稍带苦涩，不耐冲泡，叶底常夹铜绿色。

🫖 茶韵　李青一摄

外在品质

　　茶叶外在品质的优劣，通常可通过干茶的香气、条索、色泽、质地和精细度等因子加以鉴别。观其色、嗅其香、触其体、验其实，是区别金骏眉外在品质优劣最为直接的方法。

1. 观其色，看干茶色泽是否油润

　　茶叶色泽与原料生产的海拔高度、持嫩性有密切关系。一般而言，好茶色泽均匀、油润鲜活、明亮有光泽。品质低劣的茶，色泽暗淡无光、深浅不一。

　　真品金骏眉，色泽均匀，油润鲜活；金黄黑相间，乌中透金黄，有光泽，白毫显露。

山寨版金骏眉，色泽暗淡，黄而无光；黄色绒毛多，且冲泡后易脱落。

2. 嗅其香，看干茶香气是否纯正

真品金骏眉干茶香气清新优雅、细腻纯正，细嗅有花果的甜香味。

山寨版金骏眉干茶香气一般较低，而且粗浊、不够纯正，有些还带有咸味、土味、烟焦味、黄闷味和青气。

3. 触其体，看干茶条索是否紧结

茶叶条索与采摘季节、加工技艺密切相关。正品金骏眉由于原料生态，来自高山，加之做工精细，故干茶条索壮实紧结，秀挺略弯曲，似海马形，有锋苗，匀整度高，没有茶末和杂物。

山寨版金骏眉干茶条索一般较为松散，欠紧实，粗细长短不一，断碎多，有茶片或茶末，有的还夹有杂物。说明原料来自低山或夏、秋茶的芽，做工差、品质劣。

4. 听其声，看干茶身骨是否重实

身骨重实，表明茶叶来自高山，内含丰富，体内干物质含量高，是好茶的表现。就金骏眉而言，怎样才能鉴别其身骨是否重实？通常有两种方法：

方法一：用手取同量金骏眉干茶于手中，或用五指撮抓，稍加抖动测其轻重。重者为上，轻者为次。

方法二：取一小撮金骏眉干茶抖落于玻璃板上或铝、瓷盘中，听其下落冲击发出的声音，测其轻重。真品金骏眉会发出类似金属碰撞"叮叮"的声音，表明该茶身骨重、品质优；山寨版金骏眉则会发出"卜

卜"的响声，表明该茶身骨轻、品质相对较次。

内在品质

　　茶叶的内在品质，主要表现在汤色、香气、滋味和叶底四个因子上。通过视觉、嗅觉、味觉、触觉等感官手段，先嗅香气、再看汤色、细尝滋味、后展叶底，对茶叶的质量进行综合评定，是目前国际上对茶叶等级评定最通用的方法。除此之外，耐泡度也是衡量茶叶内在品质的一个重要方面。

1. 嗅香气

　　香气是茶叶冲泡后随水蒸气挥发出来的气味。真品金骏眉与山寨版金骏眉，由于品种、产地、季节、加工方法的不同，香气的类型、纯异、高低、长短是不一样的。
　　真品金骏眉的香气呈复合型花果蜜综合香气，高山韵味明显，香气清高持久。
　　山寨版金骏眉红薯香明显，有的为纯火工香；较真品金骏眉，香气显得低粗、不持久，不少还带有杂味。

2. 看汤色

　　真品金骏眉的汤色金黄、清澈，有金圈；山寨版金骏眉的汤色暗红、有悬浮物、

☙ 真品茶底

☙ 山寨版茶底

透明度差。

汤色在鉴别过程中变化较快，为避免因色泽的快速变化而影响鉴别质量，嗅香气与看汤色应结合进行。

3. 尝滋味

滋味是茶汤入口后的感觉。茶汤入口，茶水圆滑，茶味甘润、醇厚者为佳；苦涩味重、味淡者为劣。真品金骏眉滋味醇厚、甘甜爽滑、水中带甜、甜中带香，高山韵味持久。山寨版金骏眉滋味淡薄，茶汤入口后，涩口，有麻嘴厚舌的感觉。

4. 比耐泡

耐泡度是茶可冲泡次数。好茶耐冲泡，劣茶不耐泡。

真品金骏眉在好水沸水快出水的情况下，3 克可连续冲泡 12 次以上，其汤色依然金黄，口感品质如一。每次的冲泡时间是：第 1 ～ 3 泡，坐杯时间为 3 ～ 5 秒；此后，每泡依次递增 5 秒。

山寨版金骏眉用相同的办法，只能冲泡 5 ～ 6 次，汤色即淡白，没有茶味。

5. 展叶底

叶底即冲泡后的茶渣。好茶叶底柔软，色泽明亮，均匀一致。真品金骏眉叶张厚，叶底匀整，隽拔挺秀，呈舒展亮丽的古铜色；用手捏有弹性，说明制作精细。山寨版金骏眉叶张薄，叶底不匀整、不明亮，手捏绵烂，弹性差。

三　贮藏

了解茶叶变质的原因及其影响因素并采取相应的贮藏措施，有助于我们搞好金骏眉等红茶的家庭保存。

茶叶特性

茶叶质地疏松、孔隙率高、内含化学成分复杂，具有后熟性和较强的氧化性、吸湿性与吸附性。

1. 后熟性

茶叶的后熟性，是指茶叶品质经过一段时间的贮藏，略发生变化，生成良好品质的阶段。其具体表现是"生青气"消失，茶叶正常香气显现。

刚制作出来的新茶，一般都带有很强的刺激性"生青味"，会降低茶叶品饮时的口感。新茶经过一段时间的储藏，在后熟作用的影响下，汤色浓度会增加，叶底会变得明亮，口感会变得更加醇和。

后熟过程的长短，受环境因素的影响。不同类的茶叶对后熟要求不同。如正山小种、金骏眉等红茶经半年到一年的后熟作用后，不但不苦不涩，而且口感更加醇厚滑顺，高山韵香更加明显。

2. 氧化性

茶叶中的某些化学成分物质，在空气中氧气的作用下会发生化学反应，使相当部分可溶性物质变成难溶于水的物质，从而使茶叶的色泽变次，汤色混浊，口感变差，品饮价值降低。因此，在无氧条件下，有利于茶叶的贮藏。

茶叶氧化性的强弱与茶叶内含水量的高低及外界温度呈正相关。含水量越高，外界温度越高，氧化性也就越强，因而茶叶品质变劣的速度也就越快。

3. 吸湿性

茶叶是干燥物质，质地疏松分散，具有很强的吸湿性。茶叶海绵组织相当发达，鲜叶含水量大，干燥后孔隙率高，是一种疏松而多孔的结构体。它不但有外表的形态结构，而且有错综复杂的内表面微孔结构。这些孔隙贯通整片茶叶，又与外界相通。许许多多的孔隙管道内壁的表面加起来，总有效面积很大。这些固体表面的"空悬键"，对密度比它小很多的水分子具有很大的吸引力，这就决定了茶叶具有很强吸湿性的特征。如贮存不当，会很快受潮，降低香气，品质变劣。

茶叶的吸湿性，还与其所含的某些化学物质有关。茶叶中含有相当量的柔水胶体，如淀粉和蛋白质，容易吸附水分。茶叶中的多酚类物质、咖啡因等主要品质成分，也是水溶性很大、吸湿性很强的物质。

4. 吸附性

茶叶中含有棕榈酸、萜烯类和邻苯二甲酸二丁酯等化学物质，它们分子量大、沸点高、结构复杂、分子间作用大、吸附能力强，易吸附空气中易挥发性的气体物质，并固定下来。

潘文毅关于茶叶吸附性的探讨认为：茶叶的等级与嫩度，决定茶叶内外的几何结构，直接影响茶叶的吸附能力。武夷金骏眉属高等级红茶，其嫩度好，不但内表面细孔结构比表面大，孔径细，孔隙率大，吸附量多，而且孔径短，气体分子与孔壁碰撞接触的机会多，易发生毛细管"凝聚"，故吸附量大。低档粗老茶嫩度差，内表面细孔结构比表面较少，孔隙的孔径大而少，毛细管"凝聚"作用较弱，吸附量较少。

除此之外，茶叶自身含水率、环境湿度都会影响茶叶的吸附。

红茶在贮藏过程中的变化

红茶在贮藏过程中，会受到外界各种环境条件的影响，从而发生一系列复杂的化学反应，产生各种不利于茶叶色、香、味的物质，导致茶叶品质变化。主要是含水量增加、滋味物质减少、香气和色泽物质改变等。

1. 含水量的变化

茶叶在存放过程中，含水量随空气湿度的变化而变化。空气湿度越大，茶叶含水量的增加也就越快、越大。

茶叶含水量不同，在存放过程中，其品质劣变的程度差异是很大的。茶叶含水量越低，品质劣变的速度越慢。含水量高的茶叶，在很短时间内品质就会劣变。常温贮存同样的时间，含水量越高的茶叶，其品质下降速度也就越快。

研究结果表明：绝对干燥的各种食品物质暴露于空气中，容易发生氧化。而当水分子以氢键和食品各种成分结合呈单分子状态存在时，就像物质的表面蒙上一层薄膜，起到一种隔离氧气的作用，物质氧化就困难得多。这种含有单分子层水分的食品不易氧化变质，是较为稳定的。

茶叶的单分子层水分含量为3%。如果不考虑个别因素，可以讲，3%的含水量是保存茶叶最适合的含水量。这是因为在该含水量的状态下，茶叶中的成分与水分子呈单层分子关系，可以有效地把酯质与空气中的氧分子隔离开，阻止茶叶酯质的氧化变质。

随着茶叶含水量增高，水分就成了化学反应的溶剂，水分越高，物质的扩散移动和相互作用就越显著，茶叶的变质也就越迅速。当茶叶含水量在 6% 以上时，茶叶变质相当明显。因此，要防止茶叶在贮藏中变质，必须将茶叶干燥至含水量 6% 以下，最好控制在 3% ~ 4% 的范围内。

2. 滋味物质变化

茶多酚和氨基酸是决定红茶滋味的主要物质。在常温下贮藏，茶多酚的自助氧化作用一直在进行，会与氨基酸、糖等呈味成分相互协调、配合，使茶汤滋味浓醇、鲜爽、富有收敛性。

据陆锦时研究，在贮藏过程中，红茶多酚类物质总体趋势是下降的，前 3 个月，下降幅度相对较小，含量由贮藏前的 12.6% 下降至 11.68%；第 6 个月，含量下降至 10.45%，随后基本稳定在一个相同水平，之后逐渐缓慢减少。与红茶品质相关的重要产物茶黄素，在一定时间内随多酚类物质含量的减少而增加；茶红素含量头 3 个月略有下降，16 个月时含量出现高峰，与茶黄素含量剧增的时间大体吻合，以后又平稳下降；茶褐素含量随贮藏时间延长而增加。由此可见，短期贮藏有利于红茶品质的提高。氨基酸含量基本上是随贮藏时间的延长而逐步减少。

3. 香气物质变化

茶叶在常温条件下，随贮藏时间的延长，茶香将逐渐消失，陈味则不断加重。红茶的香气物质在贮藏过程中变化比较复杂，随酯类物质的水解和自动氧化，具有陈味的正戊醇等物质的含量显著增加，很多具有花香和果味物质，如苯乙醇、橙花醇、牦牛儿醇以及对品质有利的异丁醛、异戊醇、芳樟醇等含量明显减少。据有关研究显示，红茶贮藏了 7 个月后，含水量不同，香气物质含量的差异是非常明显的。

4. 色泽物质变化

红茶在贮藏过程中，氨基酸能与茶黄素、茶红素作用生成深暗色的聚合物，使红茶汤色变暗。红茶中的咖啡因在贮存过程中变化不大，贮存一年，含量仅减少0.25%。水浸出物随贮存时间延长而呈现出大幅度递减的趋势。

影响红茶变劣的环境因素

红茶陈化变劣的感官表现是：色泽由鲜变枯，汤色由亮变暗，滋味由浓变淡，香气由爽变陈。这是由于与色、香、味等感官品质相应的化学成分如多酚类物质、氨基酸、酯类、色素、芳香物质等有机物质性质大多不太稳定，在空气中氧气的作用下极易发生自动氧化，使品质发生劣变，失去原有色、香、味。

1. 温度

温度与反应速度关系甚大。温度高，反应加快；温度降低，反应减慢。据研究，温度每提高10℃，褐变速度要增加3～5倍，而冷藏对抑制氧化褐变有良好效果。茶叶贮藏在－5℃以下，氧化变质非常缓慢，如果将茶叶贮藏在－20℃以下，即可完全防止品质劣变。

2. 湿度

茶叶具有很强的吸湿性。其吸收水分的快慢，与贮藏环境相对湿度有密切的关系。试验表明，在相对湿度40%的环境条件下，将含水量6%的茶叶暴露在空气中，15天后含水量可升到6.9%；在相对湿度60%的条件下，茶叶含水量达到9.1%。雨雾天，把干燥的茶叶暴露在空气中，含水量每小时递增1%。

含水量越高，茶叶中有效成分的相互作用就越显著，茶叶的陈化变质也就愈迅速。茶叶的含水量在 6% 以上时，茶叶的变质较快。随着含水量的增加，茶叶中的有益成分随之下降，而一些对品质不利成分则上升。含水量高，环境湿度大，霉菌繁殖也就愈快。为防止茶叶在贮藏中变质，含水量宜控制在 4% 以下。

3. 氧气

空气中的氧几乎能与所有的元素起作用而形成氧化物。特别是在有促进反应的酶的存在下，氧化作用非常强烈。在没有酶参与的情况下，也能发生缓慢氧化。茶叶中的茶多酚、抗坏血酸、类酯、醛类、酮类等物质都能进行自动氧化，氧化后的生成物，很多对品质不利。要防止茶叶中的化学成分发生氧化，只有使茶叶绝氧。采用减压包装和充氮法，清除氧气或用脱氧剂，是防止茶叶氧化质变的有效方法。

4. 光线

光能促进植物色素和类酯等物质的氧化，使品质变劣。茶叶贮存在透明容器中，在日光照射下会发生光化反应，从而增加茶叶中戊醛、丙醛、戊烯醇等物质的含量，产生一种不愉快的气味，即"日晒味"。因此，贮藏茶叶的库（室），窗上要安装厚实深色的窗帘，避免强光照。包装茶叶的材料必须是不透光的。

综上所述，各种因子对红茶品质都有不同程度的影响，其中影响品质最大的因子是茶叶的含水量，其次是温度、湿度、氧气量、光线和异味。各种因子对红茶品质的影响，尤以水分和温度的交互作用影响最大。因此，含水量高的红茶，在高温高湿条件下贮存，品质劣变的速度最快、最剧烈。

家庭贮藏红茶应注意的问题

明代罗廪《茶解》曰："藏茶宜燥又宜凉，湿则味变而香失，热则味苦而色黄。"说的是：茶叶最忌的是潮湿、光照、高温及暴露于空气中。

根据红茶变劣的原因，家庭贮藏红茶应注意把握好以下四点：

1. 忌久露受潮

茶叶贮藏品质的变化，实质是茶叶化学成分的变化。水分是化学反应的溶剂，水分含量越高，茶叶内含物质的变化也就越显著。因此，在贮存红茶的过程中，应注意少露受潮，控制水分含量，这是保持红茶品质的重要条件。

武夷金骏眉采用传统炭焙工艺，时间长，温度高，含水量一般控制在 3%～4%，用手指轻轻一搓就会粉碎。但由于原料持嫩性好，皆采用芽尖制作，因而吸湿性特别强，要特别注意防潮。一旦发现受潮，应立即进行干燥处理。

判断是否受潮，其标准是：用手指轻轻搓茶，若芽尖不会成粉末状，而是两头或中部截断，则表明含水量已超过 10%。作为一般家庭，此时可取洗净的电饭煲，通电去除水分。然后倒入金骏眉，不断用手翻动，慢慢烘干，待用手指轻轻一搓，芽叶便会粉碎时，即可起锅，摊凉至温度 70℃左右，手感觉还会烫时，及时装罐封存即可。

2. 忌接触异味

武夷金骏眉含萜烯类化合物相对较高，因而吸附性很强。就像海绵吸水一样，能将各种异味吸附在茶叶上，如不注意将其与有异味的物质如香烟、化妆品、腌鱼肉、樟脑、油脂等混搭在一起，无需多时就会被污染而无法饮用。

3. 忌高温环境

温度越高，茶叶变质也就越快。家庭贮存金骏眉等类红茶，应远离高温，并保持在干燥的环境中。一般以 10℃ 效果较为理想，若能在 0 ～ 5℃ 环境中贮存，效果更好。

4. 忌阳光照射

阳光照射会使红茶很快氧化变色，汤色浑暗，滋味苦涩，没有香气，并产生令人难以接受的"日晒味"，从而影响品饮。

红茶的家庭简易贮藏

品质再好的茶叶，如不妥善加以保贮，也会很快变质，颜色发暗，香气散失，味道不良，甚至发霉而不能饮用。为防止红茶吸收潮气和异味，应减少光线和温度的影响，避免挤压破碎，损坏其美观的外形。

根据茶叶的特性及品质变劣的原因，从理论上讲，将红茶保存在干燥（含水量最好在 3% ～ 4%）、冷藏（最好在 0℃）、无氧（抽成真空或充氮）和避光的条件为最好。对于家庭茶叶贮存而言，由于受客观条件的限制，以上条件往往不能兼而有之。因此，在具体操作上，首先应抓住茶叶干燥这个主要因素，其他条件尽可能满足。现介绍几种简易的家庭贮藏法：

1. 锡罐贮藏法

选用市场上供应的双盖锡罐做盛器。内置一个完好的塑料食品袋，然后将干燥的红茶放入罐内的食品袋中，扎好袋口，盖好盖子即可。

2. 陶瓷罐贮藏法

选用干燥无异味、密闭性好的陶瓷罐，罐底与罐内周围铺设牛皮纸，中间嵌放竹炭袋一只，将金骏眉等类红茶置于罐内，罐口用棉花包盖紧扎好。竹炭袋每隔半年应更换一次。竹炭吸湿性能好，能使茶叶不受湿，因而储存效果好，能在较长时间内保持红茶品质的不变。

3. 热水瓶贮藏法

以热水瓶作盛具，将干燥散装的金骏眉茶置于瓶内，装实装足，尽量减少瓶内空气的存在量。瓶口用软木塞盖紧，塞边涂白蜡封口，再裹上胶布。由于瓶内的空气少，温度稳定，所以保质效果好。武夷山民间用这种方法贮藏正山小种时间长达 5 年，仍带果香，滋味甘甜，入口醇滑，不变质。

4. 铝塑复合袋贮藏法

铝塑复合袋密封性好，既防潮，又不透光。用之储存效果要比白铁筒、聚乙烯袋、硬纸盒包装效果好。该方法简单，材料易购，如结合低温冰箱贮藏效果则更好。

5. 松木箱贮藏法

姚珊珊、郭雯飞、吕毅、江元勋等关于松烟熏制的中国特种红茶正山小种和烟正山小种的香气研究（美国《农业与食品化学杂志》，2005年 53 卷 21 期）发现，正山小种香气物质最为丰富的是长叶烯，这是在茶叶中首次发现的。长叶烯存在于多种松树的树脂中，黄山松是武夷山地区的松树品种，其长叶烯和 α－萜品醇含量高达 30%。正山小种红茶味道香甜，带有桂圆干的松烟香，与其特殊加工工艺中来自黄山松等松烟的挥发性成分的重要贡献相关。用松木箱贮藏红茶，口感会更加醇厚滑顺，不妨一试。

第六章 · 品饮金骏眉

我国饮茶约起源于战国时期，经过漫长的历史岁月，在唐宋时期得到了普及和推广。陆羽《茶经》已指出，茶饮在唐代已自南向北逐渐推广，成为"比屋之饮"。《旧唐书》卷一七三《李钰传》也说："茶为食物，无异米盐，于人所资，远近同俗……田闾之间，嗜好尤切。"中唐以后，茶已从"昔日王谢堂前燕，飞入寻常百姓家"，由王公贵族专享品变为大众百姓日常生活的必需品。宋代以后，茶成为开门七件事之一。

  茶，按饮用方式的不同，可分为喝茶和品茶两大类。"喝酒喝气氛，品茶品文化"，喝茶与品茶是有差别的。为了解渴而喝茶，爱怎么喝就怎么喝，不受环境影响。品茶，是饮茶的最高方式。品饮佳茗，重在意境，特别强调情与景的交融，自古以来就是物质享受和精神愉悦高度统一的生活艺术。

  中国四大名著之一的《红楼梦》在第四十一回《栊翠庵茶品梅花雪怡红院劫遇母蝗虫》中，描述了品茶的过程。品茶之人是宝玉、黛玉、妙玉、宝钗之清流；泡茶之水是取自梅花瓣上，且埋藏地下达五年之久的雪水；所品之茶是珍贵名茶"老君眉"；所用之器是平常人无缘得见的珍奇古玩；饮茶之场所是清幽静雅的栊翠庵。如此品茶，真可谓人间之极。

  明代杰出书画家、文学家徐渭，一生坎坷，但却对茶文化作出了非常杰出的贡献，其《煎茶七类》讲烹茶方法以及饮茶的人品、伴侣和兴致等，该文的全部内容如下：

秋山泉涌 朱葵-作

独品曰神 对饮成趣 三四得慧

张源句也 叶韶霖

张源句 叶韶霖-书

一、人品。煎茶虽凝清小雅，然要须其人与茶品相得，故其法每传于高流大隐、云霞泉石之辈，鱼虾麋鹿之俦。

二、品泉。山水为上，江水次之，井水又次之。井贵汲多，又贵旋汲。汲多水活，味倍清新；汲久贮陈，味减鲜冽。

三、烹点。烹用活火，候汤眼鳞鳞起，沫渤鼓泛，投茗器中，初入汤少数，候汤茗相浃，却复满注。顷间云脚渐开，浮花浮面，味奏全功矣。盖古茶用碾屑团饼，味则易出之。叶茶是尚，骤则味亏；过熟则味昏底滞。

四、尝茶。先涤漱，既乃徐啜，甘津潮舌，孤清自增，设杂以他果，香味俱夺。

五、茶宜。凉台静室，明窗曲几，僧寮道院，松风竹月，晏坐行吟，清谭把卷。

六、茶侣。翰卿墨客，缁流羽士，逸老散人或轩冕之徒，超然世味者。

七、茶勋。除烦雪滞，涤醒破睡，谭渴书倦，此际策勋，不减凌烟。

是七类乃卢仝作也，中粜甚疚，余临书稍定之。时壬辰秋仲，青藤道士徐渭书于石帆山下朱氏之宜园。

● 幽居　刘铁平一刻　　　　　　　　　● 听松　刘铁平一刻

明代冯可宾在《岕茶笺·茶宜》中提出了十三项品茶的要求，这"十三"要求是：

一是无事，俗务去身，悠闲自得；

二是佳客，志趣相投，主客两洽；

三是幽坐，心地安逸，环境幽雅；

四是吟咏，激发诗思，口占吟诵；

五是挥翰，濡毫染翰，泼墨挥洒；

六是徜徉，小园香径，闲庭信步；

七是睡起，酣睡初起，大梦归来；

八是宿酲，宿醉未消，惟茶能破；

九是清供，鲜爽瓜果，清口佐茶；

十是精舍，茶室雅致，布置精巧；

十一是会心，心有灵犀，彼此意会；

十二是赏鉴，精于赏茶，擅长品鉴；

十三是文僮，伶俐书童，胸有点墨。

🍵 惠山茶会图

　　与此同时，冯可宾还提出七个不宜品茶的环境条件：一是"不如法"，指烧水、泡茶不得法；二是"恶具"，指茶具选配不当，或质次，或粘污；三是"主客不韵"，指主人和主宾，口出狂言，行动粗鲁，缺少涵养；四是"冠裳苛礼"，指戒律严多，被动应酬；五是"荤肴杂陈"，指大鱼大肉，荤菜腻杂，有损茶性；六是"忙冗"，指忙于事务，心乱意烦，无心品茗；七是"壁间案头多恶趣"，指室内杂乱、令人生厌、俗不可耐。

　　由此看来，古人对品茶要求是比较高的，也是比较具体的。现代人品茶虽不像古人要求的那样烦琐苛刻，但也非常讲究意境。

　　"境"作为美学范畴，最早见于唐代诗人王昌龄的《诗格》："处身于境，视境于心。莹然掌中，然后用思。了然境象，故得形似。"中国诗学一贯主张：
"一切景语皆情语，融情于景，寓景于情，情景交融，自有境界。"

品茶和做诗一样，希望获得的是宁静休闲、放松惬意、酣畅淋漓；讲究的是情景相融、天人合一、无我的意境；希望达到的是养心悦志，养性修身。

好茶不但要品，而且要细品。要品得其真，一是境要宜，二是具要雅，三是水要好，四是汤要沸，五是品要当。五者俱佳，才臻完美。许次纾在《茶疏》中说："茶滋于水，水借乎器，汤成于火，四者相须，缺一则废。"它表述了要泡好一壶茶，必须水好、火足、具美，否则茶性所固有的本色、真香、韵力是无法体现出来的。

"和"是茶之魂，"静"是茶之性，"雅"是茶之韵，品茶必须讲究艺术。

一　茶境

有好茶，还必须要有一个舒心的品茶环境。品茶环境对品茶人的心境有很大的影响。所谓茶境，指的是品茗的环境。它包括品茗的内外部环境、品茗人的心境和品茗的人数。

环境

品茗自古以来，就是修身养性的一种方式。同时，又是一种以茶为媒的交友方式。它可增进友谊，美心修德。中国人品茶，历来就十分重视环境，讲求清静恬淡，在品茶的过程中静心安神，陶冶情操。

品茶环境包括室内环境与室外环境两个部分。就室外品茶环境而言，要求的是以大自然的美景作为品饮的环境。追求的是野幽情溢，林泉逸趣，回归自然的意境，从而相得益彰。至于室内的品茶环境，则应坚持以窗明几净，装修简洁，格调高雅，温馨舒适，安静清心为宜。轻装修，重装饰，尽可能多的用茶书画作品来点缀。内部陈设要素雅简洁、古朴大方，切莫富丽堂皇，奇异夺目。室内光线要柔和，不能太明亮耀眼；空气应流通清新，忌异味。如能播放一些优雅的轻音乐，则更能体现品茶的室内环境与氛围。

一个良好的品茶环境，要求做到建筑物富有特色，室内装饰典雅，摆设讲究，茶具精美，室外周围环境景色秀美，安静优雅。

唐"大历十才子"钱起《与赵莒茶宴》诗云：

> 竹下忘言对紫茶，
> 全胜羽客醉流霞。
> 尘心洗尽兴难尽，
> 一树蝉声片影斜。

该诗描述了茶宴的环境，幽篁丛中、绿荫之下，香茗洗净凡心、荡涤尘埃，与宴之人兴难尽，一直喝到夕阳晚照、蝉鸣声声。

明代雅士陈继儒《小窗幽记》，对品茶的室内室外环境做了这样的描述：

> 净几明窗，一轴画，一囊琴，一只鹤，一瓯茶，一炉香，一部法帖。小园幽
> 径，几丛花，几群鸟，几区亭，几拳石，几池水，几片闲云。

"野泉烟火白云间，坐饮香茶爱此山。岩下维舟不忍去，青溪流水暮潺潺。"在这种环境下品茶，茶、人与自然最易展开精神上的沟通，洗净尘心，达到精神上的升华。

心境

所谓"心境"，即品茶时的心情。"心随流水去，身与风云闲。"品茶一般需有闲情，最好是静坐无为的时候。"山堂夜坐，手烹香茗。至水火相战，俨听松涛，倾泻入杯，云光潋滟。此时幽趣，故难与俗人言。"这是罗廪在《茶解》中的描述。山中静夜，身心闲适，亲手把持，既从味觉、嗅觉上得茶的清香甘醇，又从听觉、视觉上

获 "水火相战" 之声、"云光潋滟" 之景。此中之惬意，真只可体悟而难与人言。

剜得心来忙处闲，
闲中方寸阔于天。
浮生自是无空性，
长寿何曾有百年。
罢定磬敲松罅月，
解眠茶煮石根泉。
我虽未似师被衲，
此理同师悟了然。

　　唐人杜荀鹤此诗的大意是：人生在世为名忙，为利忙，不时忙中偷闲，且静下心来品茗。当我们的心一旦静下来，那方寸大小的心便会变得比天空还辽阔。它强调的是品茶时的心境。

　　所以，我们品饮金骏眉时，一定要有一个好的心境，否则不可能真正体味金骏眉与其他茶的区别和不同之处，就是浪费，也是对好茶的一种糟蹋。至于精神上的放松，就更无从谈起了。

人境

　　"心清可品茶，意适能言趣"，"人

品即茶品，品茶即品人"。人境，即品茶人的人数以及品茶人自身素质涵养所营造出来的心理环境。

关于品茶人之涵养，皎然《九日与陆处士羽饮茶》诗中写道：

九日山僧院，东篱菊花黄。

俗人多泛酒，谁解助茶香。

这首诗的意思是说能够赏菊、品茶，体味茶香的，自然是超尘脱俗之人。明人徐渭在《煎茶七类》中云：煎茶非漫浪，"要须其人与茶品相得"。古来茶人都很看重人品茶清。陆羽在《茶经·一之源》中说："茶之为用，味至寒，为饮最宜精行俭德之人。"宋代欧阳修有诗云："泉甘器洁天色好，坐中拣择客亦佳。"他们说的是，喝茶品茗应是人与茶相宜，人与人相和，这样方有雅趣。

关于品茶的人数，一般而言，不宜过多，也不宜俗气。特别是品饮好茶，人一定不能太多太杂。否则，再好的茶，也是难辨其好坏，更不会有雅趣可言。明人张源在《茶录》中云："饮茶以客少为贵，客众则喧，喧则雅趣乏矣。独啜曰神，二客曰胜，三四曰趣，五六曰泛，七八曰施。"意思是说独自品茶，能体会茶的神韵；两人对啜能进入茶的胜境；三四个人品茶，能得到品茶的乐趣；五六个人饮茶，只能泛泛而乐，情趣就差了；七八个人在一起就不叫品茶了，充其量只能算是施舍茶水而已。因此，有人将之称为"独品曰神，对饮成趣，三四得慧。"

1.独品曰神

一个人品茶，没有干扰，心更容易虚静，精神更容易集中，情感更容易随着飘然四溢的茶香而得到升华，思想也更容易达到物我两忘的境界。唐卢仝喜欢独啜品茶，因而在《茶歌》中云："柴门反关无俗客，纱帽笼头自煎吃。"北宋著名诗人、书法家黄庭坚夜晚酒后归来，独自碾茶煮水，烹点品饮。有词云："味浓香永，醉乡路，成佳境。恰如灯下故人，万里归来对影。口不能自言，心下快活自省。"独自品茶，实际上是茶人心与茶的对话，心与大自然的对话，使人更容易做到心驰宏宇，神交自然，所以谓之为"独品得神"。

2.对饮成趣

"茶逢知己，不置一词，心有灵犀。"品茶不仅是人与自然的沟通，而且还是茶人之间心与心的沟通。邀一知己相对品茗，或推心置腹，倾诉衷肠，或相对无语，心有灵犀，或松下品茗论弈，或幽窗啜茗谈诗，都是人生乐事，情趣无穷。知堂老人周作人认为品茶最好是两个人，他说："喝茶当于瓦屋纸窗下，清泉绿茶，用素雅的陶瓷茶具，二人共饮，得半日之闲，可抵十年的尘梦。"

3.三四得慧

孔子曰："三人行，必有我师。"在清静幽雅的品茶环境中，大家最容易打开"话匣子"，相互交流思想，启迪心智，可以学到很多书本上学不到的东西。所以称之为"三四得慧"。

品茶最忌车水马龙，众声喧哗；七嘴八舌，道人长短；高谈阔论，废话连篇；喋喋不休，言不及义。

品鉴金骏眉，最好是选择一处雅境，或室外青山翠竹，小桥流水，茵茵绿地；或皓月清风，公园凉亭，花径信步；或室内对坐明窗静牖，用半日闲情，邀二三茶友，泡一壶金骏眉，品饮四五杯，祛襟涤滞，致清导和，推心置腹，此非庸人孺子可得而知矣。

茶文化作为中国不老的古文化，不仅具有厚重的内涵，更具有传承的载体和流动的血脉，穿越古今，引领风骚。假如徜徉武夷山的街巷，映入你眼帘的一定是一幅幅悠然自得、啜苦咽甘、无所不在、妙美的品茶图。

有的一人独啜，似神；有的二人对品，寻趣；有的三四围坐，得慧。不论国籍，没有性别。不分年龄，也不管职业。不问你是哪里人，从哪里来，又到哪里去。几人围席共饮，东南西北，海阔天空，乐在其中，和谐妙美。"小天地，大场合，有你一席；论英雄，谈古今，喝它几杯。"难怪林语堂先生会说："只要有一壶茶，中国人到哪都是快乐的"。

二　茶具

茶具古代称"茶器"，因饮茶而生。一开始，由于饮茶方法较粗放，茶器相对比较简单，往往与食器、酒器混用。随着饮茶之风的流行，茶具逐步开始向专业化、艺术化方向发展，现已成为茶文化的重要组成部分。

"工欲善其事，必先利其器。"器是茶之父。烹茶品茗，讲究器具，历来如此。《红楼梦》第四十一回《栊翠庵茶品梅花雪　怡红院劫遇母蝗虫》，妙玉给贾母、宝钗、黛玉、宝玉四人所用的茶杯皆十分讲究。贾母所用乃"一个海棠花式，雕漆填金，云龙献寿的小茶盘，里面放一个成窑五彩小盖钟"。宝钗所用是"一个旁边有一耳，杯上镌着'瓟、匏、斝'三个隶字，后有一行小真字，是'晋王恺珍玩'，又有'宋元丰五年四月眉山苏轼见于秘府'一行小字"。黛玉用的是"一只形似钵而小，也有垂珠篆字，镌着'点犀盉'"。给宝玉盛茶用的是一只"前番自己常日吃茶的那只绿玉斗"，后来又换成"一只九曲十环、百二十节蟠虬整雕竹根的一个大盉盉"。由此可见，古人对品茗之器具相当讲究，是现代人难以效仿的。故古有茶房"四宝"之说。

茶房"四宝"

所谓茶房"四宝"，指的是潮汕炉、玉书碨、孟臣罐、若琛瓯。

潮汕炉，即烧开水用的火炉。因生产于广东省潮州、汕头一带，故

潮汕炉

玉书碨

孟臣罐

若琛瓯

名。它小巧玲珑，可以调节风量，掌握火力大小，以木炭作燃料，现代家庭已很少使用。但在一些茶馆还是可以见到。以紫砂炉配紫砂壶最有意境，最合乎品茶之道。

玉书碨，即烧开水的壶。为褐色薄瓷扁形壶，容水量约为250毫升，盖子"卜卜"作声，如唤人泡茶。现代已经很少再用此壶。一般的茶艺馆，多用宜兴出的稍大一些的紫砂壶，多作南瓜形或东坡提梁壶形。更多的是用电可保温的不锈钢壶。

孟臣罐，即泡茶的茶壶。孟臣即明末清初时的制壶大师惠孟臣。时人评价其所制的茶壶"大者浑朴，小者精妙"。宜兴现代紫砂名师徐秀棠在《宜兴紫砂珍品》中说："出土和不断发现之孟臣罐，多为小壶，且较大壶制作精良，为后世名壶之滥觞。"

若琛瓯，即品茶的杯。为白瓷翻口小杯，杯子小而浅，容水量以10～20毫升为好。现在常用的品茶杯有三种，一种是白瓷杯；另一种是紫砂杯，内壁贴白瓷；还有一种是纯紫砂的，这种杯因不利于辨别茶的色泽，因而用得很少。

同样一泡茶，因使用不同颜色的陶杯或瓷杯，除了茶汤的颜色明显不同，风味也大不相同。一般来说，若要精准掌握茶汤的颜色，使用白瓷杯最好。如要让茶品韵味得以完全体现，则以陶杯较为适合。

现在人们常用的一般都是白瓷杯。白瓷杯以景德镇出厂的为好。其烧成温度在1 300℃左右，无吸水性，音轻韵长，能真实反映茶汤的色泽，传热保温性能适中，与茶不发生化学反应，泡茶能获得较好的色香味，且造型美观精巧，非常适合用于冲泡金骏眉。

一个好的白瓷杯应是形态周正，无变形；釉色光洁，色度一致，无砂钉、泡眼、脱釉和裂纹，轻叩音质清脆。

茶具选择

我国的茶具，琳琅满目，种类繁多，造型优美。饮茶的习俗和选用茶的种类不同，茶具的选择也有所不同。但总的发展趋势是由繁变简，由粗向精。

品茗之器具必须与茶相匹配。冲泡金骏眉通常可用盖杯茶盏、白瓷壶杯、紫砂壶杯等。以宜兴紫砂壶，配以白瓷杯、搪瓷托盘为好。壶大小要如拳头，杯小要似核桃。

紫砂壶体小壁厚，烧结温度在 1 000～1 200℃，质地致密，既不渗漏，又有肉眼看不见的气孔，能吸附茶汁，蕴蓄茶味，传热缓慢不烫手，冷热骤变不破裂。用紫砂壶冲泡金骏眉，不但香味醇和，而且保温性好，无熟汤味。

好壶一把伴人生

对喜茶爱茶之人来说，选择一把称心如意的紫砂茶壶，是最基本的，但往往又是难以把握的事。怎样才能选取一把好壶呢?

赏外观，窥其质，更要量其实用。一般而言，应从造型、质地、壶味、精度、出水、重心、匹配等方面加以把握。

1.造型因人而异

壶的形状各种各样，有高有矮，有圆有扁，有大有小，或呈几何形状或似果形，依个人喜好而定。自己感觉满意即可，不必与流行的模式相符。总的是：造型要别致，外观要流畅，做工要精细，泥坯要光滑，壶

面没有瑕疵。

2. 新旧依实力而定

古壶稀少，价格昂贵，难以辨认；新壶雅趣，常人能购，容易把握。要依据个人的经济能力来定。

3. 铿锵轻扬质地好

泡茶用的壶，质地多样，一般是以砂为主，其中不少又可分为手砂、紫砂、铁砂等类。由于砂器具有较好的吸水性，且不透光，其外形与冷硬的瓷器相比，较为纯朴亲和。如在上面题款则更具一番韵味。所以在泡茶上，通常砂壶较之瓷壶要更受欢迎。

以茶壶的质地作为选择条件，主要是对胎骨及色泽进行观察比较，常以胎骨坚、色泽润、壶音悦耳者为佳。 要想对胎骨坚硬性加以验别，不妨将茶壶置于手掌上，轻拨壶盖，听其壶声，声色铿锵轻扬者为上品；音响迟钝，劲道不足者，其导热效果则稍逊；但若音高且尖锐，则是逼热过甚所致。 为保证新壶选择结果的准确性，在测验时壶体必须干净。

4. 没有异味

在选购新壶时，应注意嗅闻壶中是否存有异味。 有些新壶会略带泥瓦味，通常并不会有太大影响，可以选用。 但若带有火烧味或其他异味，如油味或人工着色味等杂味，则极难除净，不可取。

5. 密合度要高

密合度是指壶盖和壶身结合的紧密程度。 密合度愈高愈好，否则茗香会四处散漫，难以聚集。 精密度高低的鉴定方法是将水注入壶体 $1/3 \sim 1/2$，然后用手正面压住气孔再倾壶倒水，如果涓滴不出则表明精密度高；或以手压流口再将壶身反倒，若壶盖不坠落，也同样表明其具有很高的精密度。

6. 出水要长

壶的出水效果与壶的设计关系最为紧密。 当倾壶倒水，壶内滴水不存者，则为最佳之品。 试水时，一般以出水有劲，水束长而不断、圆满者为佳。

7. 重心要稳

提壶时，重心要稳，左右要匀称。 我们选壶时，把壶提在手中，有时会感觉不太顺手，这除了与壶把的设计弯度及粗细程度有关，还与壶把的受力点是否位于或接近于壶身受水时的重心有关。一般可利用注水入壶约 3/4 左右的方法对其加以测定。若将壶水平提起然后再慢慢倾壶倒水，以感觉顺手者为好。反之，如须用力紧握壶把，否则持壶不稳，则不宜选取。

8. 壶与茶相匹配

空有好壶，没有好茶，只能摩挲，徒增手泽；空有好茶，没有适泡的壶，不仅暴殄天物，更令人徒呼可惜。因此，茶必须与壶相匹配，以匹配者为佳。一般以壶音频率的高低程度来选配茶叶，如频率较高者，适宜用之冲泡香气重的茶叶，因为香由热蕴；反之，壶音稍低者，较宜配泡如岩茶、铁观音等重滋味的茶。茶具中瓷器的频率高于陶器，而玻璃的频率又较瓷器为高。

9. 手工紫砂壶的分辨

紫砂壶的制作有全手工、半手工和机制之分，最有价值的当然是名家全手工制作的。如何分辨全手工紫砂壶？

从价格方面讲，很多卖家把几百元的紫砂壶都标为全手工壶。大家千万不要上当，这样的价格是不可能买到全手工紫砂壶的，一般价格在 1 000 元以下的紫砂壶除个别小品壶，基本都不是全手工壶。

招数一：紫砂壶印章做在壶的内壁，这样的紫砂壶基本上可以判定是全手工壶。

招数二：全手工壶是由泥片打平后，根据壶的形状切好围起成壶身（也叫身筒），身筒上会有泥片接头。壶身外的接头可以通过手工处理掉，壶内有的地方因看不到，一些工具也用不上，所以很难处理平整，用眼就可看出，如用手自上而下地摸则会感觉到条状的皱折突起。全手工壶内壁有自然的皱褶，半手工壶通常会有一些人工刮过的痕迹。

10. 紫砂壶的保养

紫砂壶的保养很有学问，需要讲究方法。其方法主要是：

刚买的新壶，要看将用以泡哪种茶。如果讲究的话，每种茶都应有专门的壶。新壶使用前一般要开壶，目的是去除新壶的烟土味和污垢，接受茶叶的滋养。其方法是用干净的锅盛水把壶淹没，将茶叶同时放入锅内，用水煮沸，待大沸后捞出茶渣，稍候再取出新壶，置于干燥无异味处，自然阴干后即可使用。

旧壶重新使用，每次用完都应将茶渣倒掉并用开水洗涤残汤，以保持清洁。

注意壶内茶垢的处理。有些人泡完茶后，往往只注意去除茶渣，不注意清理壶内残余的茶汤。留存在茶壶内的茶汤随壶阴干，日积月累便形成了茶垢，如不及时维护处理，壶内就易产生异味，从而影响泡茶质量。因此，在泡茶前应以滚沸之开水冲烫茶壶。把茶渣存放在壶内养壶的方法不可取，这是因为茶渣闷在壶内易发酸变馊产生异味，有害茶壶；用之泡茶饮后，对人体健康也不利。

茶壶在使用的过程中，应经常擦拭，并应不断用手抚摸。日久，不仅手感舒服，而且能焕发出紫砂陶本身浑朴润雅、耐人寻味的自然光泽（即包浆）。

在清洗茶壶表面时，最好是用手加以擦洗，而后用干净细棉布或其他柔细的布擦拭，再置于干燥通风又无异味处阴干。

三　选水

"扬子江中水，蒙顶山上茶"；"龙井茶，虎跑水"；"泉从石出性宜冽，茶自峰生味更圆"；"精泉烹雀舌，活水煮龙团"。水是茶之母，明人许次纾在《茶疏》中说:"精茗蕴香,借水而发,无水不可与论茶也。"水质的好坏直接影响茶汤的质量。所以,自古茶人就非常讲究泡茶用水。

在中国古代诸多茶书中,有不少是评鉴水质的。但真正将品水艺术化、系统化的还是明人田艺蘅。他在《煮泉小品》中说:"茶。南方嘉木,日用之不可少者,品固有微恶,若不得其水,且煮之不得其宜,虽佳弗佳也。"

好茶要用好水泡。茶与水的关系,就像鱼与水的关系一样亲密。明人张源在《茶录》中说:"茶者水之神,水者茶之体,非真水莫显其神,非精茶曷窥其体"。明代张大复在《梅花草堂笔记》中更是明确说明:"茶性必发于水,八分之茶,遇十分之水,茶亦十分矣,八分之水,试十分之茶,茶只八分耳。"宋朝时尚斗茶,对用茶之水要求之高,是现代人难以想象的。宋代江休复《嘉祐杂志》云:"苏才翁尝与蔡君谟斗茶。蔡茶精,用惠山泉。苏茶劣,改用竹沥水煎,遂能取胜。"苏才翁指的是苏轼,北宋文学家,书画家;蔡君谟指蔡襄;大小龙团始于丁谓,成于蔡襄,著有《茶录》。这些都说明选择好水在品茗艺术中的重要作用。

名茶得甘泉,犹如人得仙丹,精神顿异。无好水是不可与论茶的。

古人择水

古人对泡茶用水的选择,讲究水要甘而洁、清活新鲜。尤其重视水源,强调用活水。唐代陆羽在《茶经·五之煮》中云:"其水,用山水上,江水中,井水下。""其山水,拣乳泉,石池漫流者上。""其江水取去人远者,井水取汲多者"。就山泉水而是言,明人张源在《茶录》中指出:"山顶泉清而轻,山下泉清而重,石中泉清而甘,砂中泉清而洌,土中泉淡而白。流于黄石为佳,泻出青石无用。流动者愈于安静,负阴者胜于向阳。真源无味,真水无香。"高濂在《遵生八笺·茶》中言:"山厚者泉厚,山奇者泉奇,山清者泉清,山幽者泉幽,皆佳品也。不厚则薄、不奇则蠢、不清则浊、不幽则喧,必无佳泉。"宋徽宗赵佶在《大观茶论》中说:"水以清

轻甘洁为美。"综观古人各种鉴水方法，概括起来，一是看其活，二是测其清，三是试其轻，四是品其甘，五是选其冽。

一看其活。就是要用流动的水。流水不腐，没有异味。宋代唐庚在《斗茶记》中云："水不问江井，要之贵活。"胡仔《苕溪渔隐丛话》道："茶非活水，则不能发其鲜馥，东坡深知其理矣。"水虽贵活，但由于瀑布、湍流一类"气盛而脉涌"之水，缺乏中和醇厚之气，古人认为与主静的茶叶性格不合，而不宜使用。

二测其清。宋代斗茶之风盛行，强调茶汤以白为贵，这就要求水质必须无色透明，清洁无沉淀物。为了获取清洁之水，古人创造了出了许多澄水、养水的办法。田艺衡在《煮泉小品》中说："移水取石子置瓶中，虽养其味，亦可澄水，令之不淆。""择水中洁净白石，带泉煮之，尤妙，尤妙！"

三试其轻。采用衡器测量，以水轻者为佳。乾隆皇帝就曾以银斗称量天下名泉，得出北京玉泉、镇江金山寺泉、无锡惠泉三处泉水最佳。他在《玉泉山天下第一泉记》中写道："水之德在养人，其味贵甘，其质贵轻。然三者正相资，质轻者味必甘，饮之而蠲疴益寿。故辩水者恒于其质之轻重分泉之高下焉。"他特别喜爱用雪水烹茶，他认为用雪水烹茶更胜于泉水，因为雪水来自天上，比重更轻。因此，他在《坐千尺雪烹茶作》一诗云：

> 汲泉便拾松枝煮，
>
> 收雪亦就竹炉烹。
>
> 泉水终弗如雪水，
>
> 以来天上洁且清。

四品其甘。宋蔡襄在《茶录》中云："水泉不甘，能损茶性。"王安石有"水甘茶串香"的诗句。所谓"甘"，就是水一入口，舌与两颊之间产生甜滋滋的感觉，颇有回味。

五选其洌。就是水的温度要冷、要寒。寒冷的水，尤其是冰水、雪水，滋味最佳。这是因为水在结晶过程中，杂质下沉，较为洁净。至于雪水，更是宝贵。屠隆在《考槃余事》中云："雪为五谷之精、取之煎茶幽人清况。"现代科学证明，自然界中的水，只有雪水、雨水才是纯软水，最宜泡茶。

好水标准

决定水质优势的主要因素是水的硬度，即溶于水的钙、镁含量。水质硬度大，钙、镁含量高，茶汤浸出率低，汤色泛黄，产生浑浊，茶味淡，香气降低。那么，什么样的水才能算的上好水呢？

从现代科学的角度看，适宜泡茶的水，其色度不得超过 15 度，浑浊度要小于 5 度，不得有异色、异味和肉眼可见物。其化学指标：

1. 酸碱度接近中性

pH 以 6.5 ～ 8.5 为宜。茶汤色对酸碱度的反应很敏感，用 pH 为 7 的水冲泡，茶汤自然酸度为 pH 4.8 ～ 5.0；若此时所用之茶为金骏眉，汤色则金黄明亮；就红茶而言，当茶汤 pH ＞ 7 时，汤色因茶黄素自动氧化而晦暗；当 pH ＞ 9 时，茶汤黯黑；pH ＜ 3 时，茶汤则出现混浊沉淀物。

2. 硬度低于 25 度

水的硬度是指溶解在水中的矿物质含量，即钙与镁含量的多少。每升水中钙镁离子总和相当于 10 毫克氯化钙的，称之为 1 度。根据硬度的大小，水又有硬水和软水之分；8 度以下为软水，8 ～ 16 度为中水；16 度以上为硬水，30 度以上为极硬水。我国南方地区的水多为软水，北方地区的水多为硬水。

水的硬度与茶汤的品质关系密切。用硬度高的水泡茶，茶汤易形成沉淀、产生浑浊，同时由于硬水含有较多的钙、镁离子和矿物质，茶叶有效成分溶解度低，故茶味淡。泡茶以软水为佳。软水溶质含量少，茶叶有效成分溶解度高，汤色明亮，细腻甘甜顺滑，香气清高，能最大限度地发挥茶叶本来的特性。

3. 金属含量范围内

氧化钙不超过 250 毫克／升，铁不超过 0.3 毫克／升，锰不超过 0.1 毫克／升，铜不超过 0.1 毫克／升，锌不超过 0.1 毫克／升。如水中钙离子含量大于 2×10^{-6}，茶味变涩；若达到 4×10^{-6}，则茶味变苦。如水中铁离子含量过高，茶汤就会变成黑褐色，甚至浮现"锈油"，使茶无法饮用，这是茶叶中多酚类物质与铁离子作用的结果。

4. 毒理学指标不超

氟化物不超过 1.0 毫克／升，适宜浓度为 0.5 ～ 1.0 毫克／升，

氰化物不超过0.05毫克／升，砷不超过0.04毫克／升，镉不超过0.01毫克／升，铬（六价）不超过0.5毫克／升，铅不超过0.1毫克／升，挥发酚类不超过0.002毫克／升，阴离子合成洗涤剂不超过0.3毫克／升。

5. 细菌指标可控内

细菌总数在1毫升水中不得超过100个，大肠菌群在1升水中不超过3个。

6. 电导率越低越好

电导率高低是衡量水质好坏的一个重要指标。电导率在100西门子／米以下可视为好水。

宜茶用水

按照水的来源，宜茶用水可分为天水类、地水类、再加工水三大类。

1. 天水类

包括雨、雪、霜、露、雹等。立春雨水最适泡茶。明罗廪《茶解》云："梅雨如膏，万物赖以滋养，其味独甘，梅后不堪饮。"这是因为立春雨水得自然界春发万物之气，用于煎茶可补脾益气。我国中医认为露是阴气积聚而成的水液，是润泽的液气。甘露更是"神灵之精、仁瑞之泽、其凝如脂、其甘如饴"。用草尖上的露水煎茶可使人身体轻灵、皮肤润泽，用鲜花中的露水煎茶可使人容颜娇艳。

2. 地水类

泉水

科学分析表明，泉水涌出地面之前为地下水，经底层反复过滤，涌出地面时，水质清澈透明。沿溪涧流淌，吸收空气，增加溶氧量，并在二氧化碳的作用下，溶解了岩石和土壤中的钠、钾、钙、镁等元素，具有矿泉水的营养成分。用之泡茶，色香味俱佳。

我国名泉总数众多，闻名遐迩的有上百处。其中，公认的"十大名泉"是济南的趵突泉、镇江的中泠泉、无锡的惠山泉、杭州的虎跑泉、扬州的大明寺泉、苏州的观音泉、北京的玉泉、江西上饶的陆羽泉、庐山的招隐泉和安徽蚌埠荆山的白乳泉。

趵突泉 趵突泉位于山东济南市区中心，是

☙ 趵突泉

☙ 中泠泉

☙ 惠山泉

以泉为主的特色园林。有"游济南不游趵突，不成游也"之盛誉。该泉位居济南七十二名泉之首，被誉为"天下第一泉"。趵突泉水分三股，昼夜喷涌，水盛时高达数尺。所谓"趵突"，即跳跃奔突之意，反映了趵突泉三窟迸发，喷涌不息的特点。"趵突"不仅字面古雅，而且音义兼顾。不仅以"趵突"形容泉水"跳跃"之状、喷腾不息之势；同时又以"趵突"模拟泉水喷涌时"卜嘟、卜嘟"之声，可谓绝妙绝佳。清代康熙皇帝南游时，曾观赏了趵突泉，兴奋之余题了"激湍"两个大字，并封为"天下第一泉"。

中泠泉 中泠泉也号称"天下第一泉"，位于江苏镇江金山西侧的塔影湖畔，原系江心激流中的清泉。金山原位于镇江市区西北扬子江的江心，被誉为"江心一朵芙蓉"。据传，唐代法海禅师在此开山得金，遂名金山。"白娘子水漫金山"的神话传说也源出于此。清道光年间，金山与长江南岸相连，中泠泉也和陆地相接。泉南镌刻着"天下第一泉"五字。中泠泉水宛如一条戏水白龙，自池底汹涌而出。"绿如翡翠，浓似琼浆"，泉水甘洌醇厚，特宜煎茶。唐陆羽品评天下泉水时，中泠泉名列全国第七，用此泉沏茶，清香甘洌，相传有"盈杯之溢"之说，贮泉水于杯中，水虽高出杯口二三分都不益，水面放上一枚硬币，不见沉底。此址历来是品茗、游览的胜地。

惠山泉 惠山泉被誉为天下第二泉，相传经唐陆羽品题而得名，位于江苏省无锡市西郊惠山山麓锡惠公园内。此泉共分上、中、下三池。泉上有"天下第二泉"石刻。上池八角形，水质最好，水过杯口数毫米而茶水不溢。水色透明，甘洌可口。中池呈不规则方形，从若冰洞浸出，池旁建有泉亭。下池长方形，凿于宋代。泉水从上面暗穴流下，由龙口吐入地下。惠山泉名不虚传，泉水无色透明，含矿物质少，水质优良，甘美适口，系泉水之佼佼者。相传唐武宗时，宰相李德裕很爱惠山泉水，曾令地方官用坛封装，驰马传递数千里，从江苏运到陕西，供他煎茶。因此唐朝诗人皮日休曾将此事和杨贵妃驿递荔枝之事相比联，作诗讥讽："丞相常思煮茗时，郡侯催发只嫌迟。吴国去国三千里，莫笑杨妃爱荔枝。"到了宋朝，二泉水的声誉更高。苏东坡向人推荐："雪芽为我求阳羡，乳水君应饷惠泉。"坐在景徽堂的茶座中，品尝用二泉水泡的香茗，欣赏二泉附近景色，听着泉水的叮咚声，实乃人生一大快事。中国民间音乐家阿炳（华彦钧），曾在此作《二泉映月》二胡名曲，曲调悠扬，如泣如诉，更使二泉美名远播天下。

杭州虎跑泉　素以"天下第三泉"著称的虎跑泉位于浙江杭州西湖西南隅大慈山白鹤峰麓，在距市中心约 5 000 米的虎跑路上。虎跑梦泉是新西湖十景之一。虎跑泉是一个两尺见方的泉眼，清澈明净的泉水从山岩石罅间汩汩涌出，泉后壁刻着"虎跑泉"三个大字。相传，唐元和十四年（819）高僧寰中居此，苦于无水，欲走，夜里他梦见一位神仙，告诉他说："南岳童子泉，当遣二虎移来。"第二天，果然看见"二虎跑地作穴"涌出一股泉水，故名"虎跑"。虎跑泉水色晶莹，味甘洌而醇厚。明代高濂在他的《四时幽赏录》中说："西湖之泉，以虎跑为最。西山之茶，以龙井为最。"如今，虎跑泉依然澄碧如玉，从池壁石雕龙头喷出的那股水流仍旧涓涓汩汩，不停涌出。坐到轩敞明亮的茶室中，泡上一杯热气腾腾的龙井慢啜细品，一股清香甘洌之味，透于舌间，流遍齿颊，顿感神清气爽。

扬州大明寺泉　江苏扬州大明寺，在北郊蜀冈中峰。寺内有平山堂，传为宋庆历八年（1048）二月欧阳修构筑，取"江南诸山，拱揖槛前，若可攀跻"之意。平山堂之后为谷林堂，系苏东坡为纪念恩师欧阳修而建。大明寺西侧，就是历来为人称颂

● 杭州虎跑泉

● 扬州大明寺泉

● 苏州观音泉

● 北京玉泉

的西园，建于乾隆元年（1736），一称平山堂御苑。园内凿池数十丈，瀹瀑突泉，庋宛转折。由山亭入舫屋，池中建覆井亭，上置辘轳，仿效古之美泉亭。亭前建荷花厅。缘石磴而南，石隙中又有井。明僧智沧溟于此掘地得泉，即是此井。泉井侧勒"第五泉"石刻三字，为明御史徐九皋所书。旁为观瀑亭，亭后筑有梅花厅。以奇石为壁，两壁夹涧，壁中有泉淙淙。昔时剖竹相接，钉以竹钉，引五泉水贮以僧厨，西园之右，有芳圃。现在，大明寺西园新建了五泉茶社。人们在游览了蜀冈胜景之后，坐在茶社内小憩，品尝用五泉水沏泡的新茶，清香留颊，实在是一种怡人的享受。

苏州观音泉　观音泉位于江苏苏州虎丘山观音殿后，井口一丈余见方，四旁石壁，泉水终年不断，清澈甘洌，又名陆羽井。陆羽与唐代诗人卢仝评它为"天下第三泉"。此泉园门横楣上刻有"第三泉"三字，每年吸引大量游人前来游览。观音泉有两个泉眼，同时涌出泉水，一清一浊，两水汇合，泾渭分明，绝不相渗。游人到此观赏无不惊叹两泉之水："奇哉！观音泉"。观音泉既然以观音命名，当然就与观音菩萨的传说有关。民间传说此地有石身观音壁立泉上，手里的净瓶喷出两股水柱，一清一浊，清水赈济人间良善，浊水洗净尘世污垢。同治《汉川县志》记载："此泉岁尝一洗，洗出如脂，久始澄清，东清西浊。"

北京玉泉　玉泉在北京西郊玉泉山东麓，当人们步入风景秀丽的颐和园昆明湖畔之时，那玉泉山上的高峻塔影和波光山色便立刻映入眼帘。泉出石罅间，聚集为池，广三丈许，名玉泉池，池内如明珠万斗，拥起不绝。水色清而碧，细石流沙，绿藻翠荇，一一可辨。池东跨小桥，水经桥下流入西湖，为京师八景之一，曰"玉泉垂虹"。玉泉，这一泓天下名泉，它的名字也同天下诸多名泉佳水一样，往往同古代帝君品茗鉴泉紧密联系在一起。明清两代，均为宫廷用水水源。清康熙年间，在玉泉山之阳建澄心园，玉泉即在该园中。据传，乾隆帝验证了该水水质，其结果是：北京玉泉水每银斗重一两三钱；无锡惠山泉、杭州虎跑泉水均为一两四钱。乾隆帝自定评泉关键是水质轻。玉泉水含"杂质"最少，水清，质量最好，长期饮用还能祛病益寿。于是乾隆帝在"水清而碧，澄洁似玉"的"裂帛湖"畔，刻下了御制

《玉泉山天下第一泉记》。

江西上饶陆羽泉　唐代茶神陆羽于德宗贞元初从江南太湖之滨来到信州上饶隐居。之后不久，即在城西北建宅凿泉，种植茶树。《图经》曰："羽性嗜茶，环有茶园数亩，陆羽泉一勺为茶山寺。"由于这一泓清泉，水质甘甜，亦被陆羽评为"天下第四泉"。陆羽泉开凿迄今已有1 200多年，在古文献中多有记载。清代张有誉《重修茶山寺记》："信州城北数武（里）岿然而峙者，茶山也。山下有泉，色白味甘。陆鸿渐先生隐于此，尝品斯泉为天下第四，因号陆羽泉。"陆羽当年在上饶隐居时开石引泉，种植茶树，在当地世代僧俗仕宦中间，产生了深远的影响。茶山寺、陆羽泉曾在历史上成为上饶著名胜迹，许多人为此写下了赞颂诗篇。

庐山招隐泉　招隐泉位于江西庐山观音桥风景区内三峡桥，泉水色清如碧，味甘如饴，又名"天下第六泉"。招隐泉的名字与唐代茶圣陆羽紧密相连。"招隐"二字的来历相传有二：一是陆羽曾隐居浙江苕溪，人称"苕隐"，由此演变为"招隐"；另一种说法是由当时的大官吏李季卿慕名召见隐居在此的陆羽而来，因"召"与"招"同音，故人将此泉称作招隐泉。招隐泉旁旧有陆羽亭，曾是陆羽隐居煮茶的地方。据传，陆羽在此反复品评，遂将此泉定为"天下第六泉"。招隐泉为裂隙泉。泉水自基岩裂隙中流出，色清味甘，长流不竭。泉的四周砌石成井，以免水质遭受污染。

❀ 江西上饶陆羽泉

❀ 庐山招隐泉

❀ 荆山白乳泉

好水　丁李青-摄

荆山白乳泉　蚌埠荆山北坡，古木参天，榴林似海。相传，唐代这里曾有白龟从一口泉中游出，荆山便有"白龟泉"。北宋苏轼到此一游，曾以泉水烹茶煮茗，芬芳清洌，甘之如饴，泉水注入杯中，高出杯面而不溢，还能浮起铜钱，叹为观止。苏东坡赞此泉为"天下第一泉"，并留下诗篇作为纪念——"荆山碧相照，楚水清可乱""龟泉木杪出，牛乳石池漫"，为此泉留下了千古佳句。后人据此将泉名改为"白乳泉"。白乳泉边生一巨朴，古朴苍劲，树冠如盖，枝繁叶茂，盛夏之际荫翳蔽日，覆盖道院，清幽宜人。朴树侧旁有一株高大梧桐，岁在百龄之上。树下建有双顶金瓦泉亭。当代著名书法家林散之先生1987年题写了"天下第七泉"。每当盛夏，七月榴花红似火，清凉幽静的白乳泉更是人们向往的旅游休闲度假好去处。

江、河、湖水

均属地表水，含杂质较多，混浊度较高。一般说来，江、河、湖水沏茶难以取得较好的效果，但在远离人烟、植被生长繁茂、污染物较少之地的江、河、湖水，仍不失为沏茶好水。正如唐陆羽所言"其江水，取去人远者"，就是这个道理。

井水

井水为地下水，由于缺乏流动，内含有大量的碳酸氢钙和碳酸氢镁，硬度大，水质差，且易被地面污染物污染，所以一般不宜用于泡茶。如果要用井水泡茶，宜取深井之水。因为深井之水虽也属地下水，但在耐水层的保护下，不易被污染；同时经高温煮沸，除去沉淀，使水质软化洁净，同样也能泡得一杯好茶。

自来水

一般采自江、河、湖水，经过净化处理后符合饮用水卫生标准。目前，城市的自来水往往用加氯的办法来杀灭细菌，但余氯会与水中的有机物结合生成二氯甲烷等有害物质。同时，还因为自来水中有多余的氯气，而使自来水带有一种异味，影响茶的汤色和香气，对沏茶是不利的。因此，可将自来水注入洁净的容器，让其静置24小时，使氯气挥发，并适当延长沸腾时间，也可收到较好的效果。用自来水泡茶最好的办法是，在煮水的容器内置 1 ～ 2 节竹炭与自来水一起煮，能吸收异味、净化水质，达到理想的泡茶效果。

竹炭一般选择高山五年以上生的毛竹为原料，是一种经特殊工艺高温烧制而成的炭。竹炭的最大特性是分子结构呈六角形，质地坚硬，细密多孔，具有超强的吸附性。目前初步研究表明，竹炭对污水中的色度和浊度以及化学耗氧量（COD）去除效果明显；对污水中总氮的去除率近100%；对污水中有机磷农药的去除有一定效果，可完全吸附自来水中的余氯，分解三氯甲烷的毒素，净化水质，使水质呈弱碱性，用之泡茶甘甜、醇厚。

3. 再加工水类

主要指经过再次加工而成的纯净水和蒸馏水等。所谓纯净水，是经过机械过滤、活性炭净化、超滤或离子交换、反渗透、臭氧杀菌和微粒过滤后出来的水，这种水含有氧，对细胞亲和力强，有促进新陈代谢的功能，能消除人体内未消化的油腻和血管上的血脂。该水也称活化性水，用之泡茶可谓是好水。蒸馏水是用蒸馏的方法除去水中原本含有的重金属离子、细菌和病毒，而对非金属离子（如氯以及其他放射性物

质和部分化学物质及有机物）难以全部消除。同时，在高温下，水中溶解的氧气也全部被清除，使水失去活性，一般不宜泡茶。

武夷山水串茶香

"千岩竞秀，万壑争流。美哉山河，真人世之希觐也。"这是南朝诗人顾野王赞美武夷山的诗句。武夷山因其得天独厚的地理环境、地质地貌以及保护极好的、未遭人为污染破坏的自然生态，自古以来适合烹茗的山泉比比皆是。元代赵若对位于四曲溪南御茶园内的呼来泉有诗云："石乳沾余润，云根石髓流。玉瓯浮动处，神入洞天游。"道人张三丰曾经过此泉，饮用该水，惊叹地称道："不徒茶美，亦此水之力也。"吴拭是明代有名的品茶鉴水之士，曾试采山茶用"松萝法"制作，汲虎啸岩下之语儿泉烹茶，汤色鲜美，带云石而复有甘软气，故云"浓若停膏，泻怀中，鉴毛发，味甘而博，啜之有软顺意。"语儿泉因泉水流淌之声轻快清脆，好像乳婴牙牙学语之音，而名语儿。沈宗敬有诗云：

夜半听泉鸣，如与小儿语。

语儿儿不知，滴滴皆成雨。

武夷山泉大多出自岩石重叠的山峦，溶解了岩石中的矿物质，悬浮物含量极低，富含二氧化碳和多种对人体健康有益的微量元素，加之岩层的过滤作用，水质晶莹清静，氧气含量高，无污染，有活性。经有关部门检测，其耗氧量平均为 2、pH 6.9、总硬度 5.1、电导率平均在 30 西门子／米以下，挥发酚类、氰化物、铅、砷、汞、铬、镉等未检出，具有矿化度低、电导率低等特征，对人体健康十分有利，是泡茶之用的好水。用之冲泡金骏眉，甘甜醇厚、汤色金黄、清澈明亮、气味芳香，特别能显示金骏眉卓越的品质特征。

陆羽在《茶经》中言："烹茶于所产处无不佳，盖水土之宜也。"说的是用当地的山泉水冲泡当地出产的茶，能最大限度地展示茶的本性，这是由于水与茶生长环境的水土能相适宜。很多消费者在产地品茶时感觉很好，离开产地就再也找不到感觉，其原因就在此。

徐𤊒《茗潭》云："名茶难得，名泉尤不易寻，有茶而不瀹以名泉，犹无茶也。"说的是名茶与名泉是相得益彰的。

"双泉"是桐木的名泉。它水质甘软，能鉴毛发，可承托一角硬币。用之冲泡正山堂金骏眉，令人回味无穷，实为上品。

桐木双泉寺，因寺内观音莲花座下有两口优质泉井而得名，它始建于明朝正统年间，距今已有 700 多年，位居福建、江西两省交界处桐木关的东面，海拔 1 535 米，寺内原有观音殿、大佛殿、罗汉殿、弥勒殿等，寺貌壮严，香火旺盛，后毁于战火，现为 20 世纪 80 年代初期温长秀居士募捐所建。"双泉寺"风光秀丽，周边也种茶，其茶品质优。

四　煮汤

选择了适合泡茶的水，用火控制好泡茶的水温非常重要。水温是影响茶叶水溶性物质溶出比例和香气成分发挥的重要因素。一般而言，泡茶水温与茶叶中有效物质在水中的溶解度成正比，水温愈高，溶解度愈大，茶汤愈浓；反之，水温愈低，溶解度愈小，茶汤也就越淡。

水温有"老""嫩"之分，过"嫩"或"老"均冲泡不出一泡好茶。这与煮水过程中矿物质离子的变化有关。过"嫩"，水中的钙、镁离子由于沉淀不够，会影响茶汤的滋味；过"老"，由于久沸的水其碳酸盐分解时，溶解在水中的二氧化碳气体完全散失，会减弱茶汤的鲜爽度。因此，要泡好一壶好茶，就必须严格掌握水温；具体的应是急火猛烧，待水煮到纯熟即可，切勿文火慢煮，久沸再用。若为铁壶，则另当别论。

真金不怕火来炼，好茶不怕开水泡。武夷金骏眉宜用沸水冲泡。好水、沸水、快出水，是冲泡武夷金骏眉的要诀。

什么是沸水？唐代茶圣陆羽在《茶经》中云："其沸，如鱼目，微有声，为一沸；边缘如涌泉连珠，为二沸；腾波鼓浪，为三沸。已上水老，不可食也。"很多人钓鱼，都喜欢打窝。用钓鱼打窝理论指导冲泡茶叶，形象、直观，容易把握、效果好。在通常情况下，为吸引鱼群，一般要先用饵料打窝，当鲫鱼过来觅食时，水面会浮现细小的水泡，此时壶中的水温在80℃左右，适宜冲泡绿茶和花茶；当水面浮现较大连珠状水泡时，如鲤鱼觅食，此时泡茶的水温在100℃，即为沸水，适宜用之冲泡武夷金骏眉。

冲泡武夷金骏眉"坐杯"时间不能长，应快出水，前三泡一般应掌握在3～5秒。"坐杯"时间过长，茶汤色泽变褐，香气低浊，则会影响茶叶活性和优良品质的发挥。

五　品鉴

"品茶评茶有学问，看色闻香比喉韵。"鲁迅先生说："有好茶喝，会喝好茶，是一种清福，不过要享这清福，首先必须有工夫，其次是练出来的特别的感觉。"他在《喝茶》这篇杂文中还说了这样一件事：

　　一次，买了二两好茶叶，开始泡了一壶，怕它冷得快，用棉袄包起来，却不料郑重其事地来喝的时候，味道竟与一向喝着的粗茶差不多，颜色也很重浊。发觉自己的冲泡方法不对。喝好茶，是要用盖碗的，于是用盖碗。果然，泡了之后，色精而味甘，微香而小苦，确是好茶叶。但是，当时正写着《吃教》的中

途，拿来一喝，那好味道竟又不知不觉地滑过去，像喝着粗茶一样
了。于是知道，喝好茶须在静坐无为的时候，而且品茶这种细腻锐
敏的感觉得慢慢练习。

赵朴初先生说："饮茶之道亦宜会，闻香玩色后尝味。"好茶是要品
的，必须细品慢咽，悠然才能自得。

金骏眉冲泡方法

泡茶必须讲究方法。清代袁枚在《随园食谱》中云：

> 余向不喜武夷茶，厌其浓苦如饮药。然丙午秋，余游武夷，到
> 曼亭峰、天游寺诸处。僧道争以茶献，杯小如胡桃，壶小如香橼，
> 每斟无一两，上口不忍遽咽，先嗅其香，再试其味，徐徐咀嚼而体
> 贴之，果然清芬扑鼻，舌有余甘，一杯之后，再试一二杯，令人释
> 躁平矜，怡情悦性，始觉龙井虽清而味薄矣，阳羡虽佳而韵逊矣，
> 颇有玉与水晶品格不同之感。故武夷享天下盛名，真乃不忝，且可以
> 冲至三次而其味犹未尽。

这是袁枚不懂武夷茶泡饮方法而不喜武夷茶，而僧道献茶以较适合的
泡饮法很快改变了袁枚对武夷茶的看法并高度评价，说明泡茶方法正确与
否的重要性。

茶叶冲泡的方法很多。武夷金骏眉一般宜采用传统的壶杯法和盖杯
法进行。

1. 壶杯法

壶杯法的茶具较为讲究，有"品茶四宝"及附属的茶盘、茶托等。

具体方法是：先洗净茶具，用风炉以榄核、蔗渣或硬炭为燃料，用玉书煨炖水，水开先烫壶，烫后向内加入茶叶。随即以开水沿壶内壁徐徐冲之，需满壶略溢，持壶盖括去泛面的泡沫，并以开水冲洗壶盖后盖上，再以开水淋洗壶表，起洁净、加温作用。然后，取一较大的中杯注入开水，将四小杯放入，一一旋转烫热取置于盘。3～5秒钟后，将壶中茶汤均匀巡回倒入四小杯中，务使茶汤浓淡均匀。品评者以拇、食二指扶杯边，中指托杯底，移至鼻前闻香，稍离后再闻，以欣赏香之奥秘，后徐试其味，不能一口吞下，要"啜英咀华"。

这种方法可令人体会闻香、尝味、观色、赏形以及从煮水、取茶、温壶、置茶、冲泡过程的乐趣。

2.盖杯法

家庭冲泡一般宜采用本法。

（1）将新鲜的水煮开。泡茶之水要用水质新鲜，无色无味，含氧量高，含镁钙低的"软水"。最好是山泉水，市售纯净水亦可，但以使用武夷山自然保护区一带的山泉水及水源地为杭州千岛湖所产的"农夫山泉"

为最佳。 家中的自来水一般不可直接用于泡茶，需经过相应的净水器等设备处理方可泡茶。 两度煮沸的水、保温瓶内的水、持续沸腾的水，由于水中的空气已减少，继续使用会影响茶叶特有香气的发挥，使茶汤混浊、色泽变暗，适口性降低，一般不宜使用。 新鲜水以沸腾后持续半分钟使用最佳。

（2）预热盖碗、公道杯和茶杯。 茶叶诱人的香气要借助热气才能散发出来，如果将煮沸的水直接注入冰冷的盖碗，泡好后再倒入冰冷的茶杯，热度会大为降低，使香味难以很好地挥发出来。 故在冲泡前应将盖碗以热水烫过，并在茶杯中盛以热水，待茶叶快冲泡好时，将杯中的水倒掉，再注入泡好的茶汤。

（3）取适量的茶叶置入盖碗。 红茶原则上以 3 克左右为宜，冲水量以 150 毫升为宜。

（4）将沸腾的热水注入盖碗。 武夷金骏眉品质好，高沸点化合物较多，且氧化聚合的茶多酚更多，高温冲泡方可挥发出其独特的香气。 首泡以 3 ～ 5 秒出汤为好。若冲泡时间过长，茶叶中的单宁酸和儿茶素会大量浸提释放出来，使茶汤变得苦涩。若冲泡时间太短，茶叶中的氨基酸释放量不足，则又泡不出武夷金骏眉特有的韵味。

（5）在公道杯中放置茶滤，以过滤茶叶渣。把泡好的茶从公道杯里倒入杯中，就可以享用。

金骏眉品鉴

品茶当品韵。所谓韵，明人陆时雍《诗镜总论》云："有韵则生，无韵则死；有韵则雅，无韵则俗；有韵则响，无韵则沉；有韵则远，无韵则局。物色在于点染，意态在于转折，情事在于犹夷，风致在于绰约，语气在于吞吐，体势在于游行，此则韵之所由生矣。"

有人把茶比作为音乐。一款好茶就是一首美妙的音乐，它带给你的是舌尖上的音乐享受。茶之清雅的本性，就像《幽谷清风》，幽婉深邃，逶迤舒雅，仿佛带你穿越时空，徜徉在大自然，与山水茶展开面对面的对话。如此山水之音，只有细心感悟，方能体味。

1. 品鉴要得法

品茶有三种境界，一曰得味；二曰得韵；三曰得道。所谓"得味"，指的是通过茶的色、香、味、形，辨别茶的种类、品种、优劣、新陈，它属于茶叶审评学研究的范畴。所谓"得韵"，指的是通过品茶等茶事活动，使人获得感官上的愉悦和精神上的享受，它属于茶艺学研究的范畴。所谓"得道"，则是品茶的最高境界，即所谓"茶道即人道"。

中国茶文化博大精深，源远流长。以茶为媒，把品茶作为修身养性、愉悦心理、感悟人生、体验人生、传播文化的载体，自古有之。

唐代著名诗僧皎然在《饮茶歌·诮崔石使君》诗中言："一饮涤昏寐，情来爽朗满天地；再饮清我神，忽如飞雨洒轻尘；三饮便得道，何须苦心破烦恼。此物清高

世莫知，世人饮酒多自欺。……熟知茶道全尔真，唯有丹丘得如此。"

周作人先生认为：茶道的思想，用平凡的话来说，可以称为"忙里偷闲""苦中作乐"，在不完全现实中享受一种美与和谐，在刹那间体会永久。当代茶圣吴觉农先生在《茶经述评》中说：茶道是把茶视为珍贵的、高尚的饮料，饮茶是一种精神上的享受，是一种艺术，或是一种修身养性的手段。庄晚芳先生则认为：茶道就是一种通过饮茶的方式，对人们进行礼法教育、道德修养的一种仪式。

品茶必须讲究方法，正确的品茶方式是：用眼观茶叶的汤色，用鼻嗅茶汤的香气，用舌尝茶汤的滋味，用心悟茶后的感受。

"玲珑玉书徐徐张，精致若琛浅浅啜。""品"为三个"口"。品茶，就一杯茶而言，哪怕杯小如核桃，也必须分三口喝。一口为尝，二口为回，三口为品；每口茶汤的量以 5 毫升左右为宜，过多感觉满口是汤，口中难以回旋辨味；过少又觉得口空，不利于辨别。

2.具体细节

一是要观看汤色；二是要闻其香。热嗅茶香，温嗅香质，冷嗅持久；汤中闻气香，杯盖闻茶香，杯底闻留香。气香、茶香、杯底香，是品鉴武夷金骏眉的要诀。三是要品其味。把茶汤吸入口内，舌尖顶住上层齿根，嘴唇微微张开，舌根向上抬，使茶汤摊在舌的中部，再用腹部呼吸从口中慢慢吸入空气，使茶汤在舌上微微滚动，连续吸气二次后辨出滋味。茶汤温度以 40 ~ 50℃最为适宜。茶叶的投放量，因茶的种类不同而有区别。金骏眉一般以 3 克为宜，注水量以 150 毫升左右为好。茶多味浓，茶少味淡，具体要因人而定。一般不要过淡，但也不要过浓。

饮用方法

红茶饮用的方法有上百种之多，但归纳起来主要可分为清饮和调饮两种。清饮指的是将茶叶放入茶壶中，以沸水注入冲泡，然后再置入茶杯中细细品尝。调饮则指将茶叶放入茶壶后，加沸水冲泡，倒出茶汤于茶杯中，再加入奶或糖、柠檬汁、蜂蜜等，成为风味各异的红茶。红茶之所以迷人，不仅仅是由于它色艳味醇，更主要的是它收敛性好，性情温和，故广交能容。正山小种红茶香气独特，浓郁带甜，有桂圆的干香，醇厚甘爽，既可清饮，也可调饮。武夷金骏眉适宜清饮。

茶叶冲泡到底要不要"洗"

现代人也不知从啥时候开始，把冲泡茶叶的第一道汤倒掉，谓之"洗茶"，这是不可取的。茶叶专家吕维新分析认为："很有可能是把宋人采制过程中的洗茶，混淆为饮用过程的洗茶，故仿而效之。"自号"懂百艺"的宋徽宗赵佶在《大观茶论》中曰："饮而有砂者，涤濯之不精也。"宋代赵汝砺在《北苑别录》中云："茶既熟，谓茶黄，须淋洗数次，方入小榨以去其水，又入榨出其膏。"以上两处的都是在采制过程中的洗茶工序，而不是现在的将冲泡茶叶的第一道汤倒掉的"洗茶"。福建农林大学教授詹梓金说："乌龙茶无需洗茶。'洗茶'给人以不卫生的感觉。"乌龙茶尤其是武夷岩茶大红袍在炒青时，锅温在200℃以上；焙火时，温度也在100℃以上，且足火、炖火时间长达几个小时，又经风选、扬颠，干净卫生，所以不用洗茶。正山小种红茶虽然没有杀青工序，但要过红锅，毛火，足火的温度同样也要在100℃以上，且要持续较长时间，不存在细菌污染问题，可大胆放心饮用。武夷金骏眉制作不但精细而且考究，关键程序都在高温条件进行，无需冲洗，第一泡即可饮用。

茶浓茶淡茶有情。以茶喻人，古来有之，精辟莫过于苏轼"从来佳茗似佳人"。尘封的茶叶就像熟睡的少女，如陡然惊醒她，少女一时半会肯定难以适应。为冲泡出一壶好茶，在一般情况下，先予进行醒茶。所谓"醒茶"是让沉睡或尘封的茶叶通过与空气和水分的接触苏醒过来，吸收天地人气，重新焕发出茶叶的本质，以便冲泡饮用，这对后续的冲泡有直接的影响。醒茶得当，能使所泡之茶香滑不涩，好入口。

醒茶宜缓，不宜急。正确的醒茶方式是将长嘴壶稍稍提起，沿茶壶（盖碗）内壁徐徐旋转，慢慢注水。冲水量以满不溢为宜。醒茶之汤，由于茶味相对较淡，一般不用于直接品饮，仅作烫杯之用。如要直接用于饮用，应相对延长茶叶的坐杯时间，以增强茶汤的浓度。武夷金骏眉宜用100℃的沸水直接进行醒茶。

第七章 · 金骏眉红茶文化

　　茶既是饮品，也是文化符号。以茶为载体，通过文字、书画、歌舞等形式，并与琴棋书画诗酒互为渗透、融为一体，形成了罕见独特而又历久弥新的中华茶文化。它表达了茶叶与人类生存密不可分的渊源关系，揭示了我国劳动人民铸造辉煌、憧憬未来的聪明才智与美好愿望，丰富了中华传统文化的内涵。

　　茶文化作为中华传统优秀文化的重要组成部分，有厚重的内涵、传承的载体和流动的血脉；犹如穿越千古风霜的耆老，又似充满青春活力的少壮；融知识性、趣味性、艺术性为一体，高远、典雅，具有鲜明的神韵、意境和情趣，带给人们的是感染力、感召力和心灵的震撼。茶文化的最大的功能是让人类走出丛林、步入文明，又使人生复归丛林、享受身处其间的快乐。大力弘扬茶文化，对提高人们生活质量、丰富业余生活；倡导文明新风、构建和谐社会；促进开放、推动国际文化交流等方面都具有十分重要的作用，现已成为时代之盛、时尚之魂、时运之帆。

　　千载儒释道，万古山水茶。武夷山是世界红茶和乌龙茶的发源地，茶文化博大精深。金骏眉根植于武夷山这块千百年来形成的得天独厚、丰富的人文地理环境，立足正山小种红茶四百多年历史文化的传承积累与深耕，形成了有自己特色的茶文化体系，其内容涵盖方方面面，有茶诗、茶歌、茶著、茶艺、茶联、茶书画、茶摄影、茶科技、茶培训、茶旅游、茶饮食、茶养生、茶博物馆等。

一　金骏眉茶艺

有人说:"茶叶是植物,离开了文化,就是树叶。"这道出了茶叶的精神属性。的确,是文化让"茶"彰显出了韵味,上升成了精神层面的东西,体现了更高层次的价值。

品茶当品韵。茶艺作为茶文化的一个范畴,是以茶文化的思维、观念作黏合剂和催化剂来体现茶韵的载体。没有茶艺,就没有茶韵的基石。

为彰显金骏眉"金贵之茶犹如骏马奔腾"之魅力,笔者博采众家茶道之长,编撰整理出了融武夷山、水、茶,儒家、道家、佛家三教文化思想元素为一体,能体现金骏眉自身品质特征、生长环境、名称内涵以及金骏眉茶人精气神的与众不同、独具特色的红茶茶艺表演文化。

十八道表演工序

金骏眉茶艺分营造进入茶境、欣赏冲泡技巧、演义品饮艺术、展示茶礼茶仪四个部分。十八道表演工序如下:

第一道:恭请嘉宾,焚香静气

"一杯春露暂留客,两腋清风几欲仙。"中国是世界公认的文明古国,自古以来就有"客来敬茶"的优良传统。焚香静气,是点燃檀香,营造幽静,让茶友在芬芳的馨香里,回归自然,唤醒心中最真实的感受。

● 第一道:恭请嘉宾,焚香静气

第二道:妙曲轻歌,活煮甘泉

"聆妙曲、品佳茗,金盘盛甘露,缥缈人间仙境;观五俗、赏绝艺,瑶琴奏流水,悠游世外桃源。"品茶是精神享受,一曲轻歌能使品茗者进入

● 第二道:妙曲轻歌,活煮甘泉

● 第三道：初探白瓯，若琛初浴

● 第四道：目睹雄姿，迎骏入宫

● 第五道：徐徐注水，骏眉初展

● 第六道：玉液回壶，水绕茶香

高雅的精神境界。泡茶宜用山泉水，"活煮甘泉"即用旺火来煮沸壶中的山泉水。

第三道：初探白瓯，若琛出浴

"初探白瓯"即烫洗白瓷盖碗，使盖碗温度提高。"若琛出浴"即烫洗茶杯，若琛为清初景德镇制瓷名匠，以善制茶杯而名，后人就把名杯喻为若琛。山泉之灵性第一次与白瓯之皎洁相邂逅，让茶多了一份初见的美好。

第四道：目睹雄姿，迎骏入宫

金骏眉因条索紧秀，微带弯曲，有骏马奔腾之势。目睹雄姿是让大家欣赏金骏眉干茶的条形，感受其品质特征。骏，马也，在这里喻指金骏眉。"迎骏入宫"即将金骏眉送入盖碗内。

第五道：徐徐注水，骏眉初展

"从来佳茗似佳人"，茶叶冲泡时应先进行醒茶。醒茶宜缓，不宜急。"徐徐注水"即沿盖碗旋转缓慢注入沸水进行醒茶。金骏眉以眉芽为原料，做工精细；注水后眉芽慢慢展开，犹如少女舒展的眉毛，称为"骏眉初展"。

第六道：玉液回壶，水绕茶香

把泡出的茶水倒入公道杯，称为"玉液回壶"，目的是使茶水里的所有成分可以在公道杯中交融静置，让茶的香味与气韵转化到最和谐的状态。

第七道：一江春水，点石成金

"一江春水"是指将茶汤快速而均匀地依次注入茶杯。斟茶到最后改为点斟，将茶汤均匀地依次倒入品茗杯中，可称之为"点石成金"，象征着向客人行礼致敬。

● 第七道：一江春水，点石成金

第八道：捧杯敬茶，众手传盅

"捧杯敬茶"，先是向右侧的第一位客人行注目点头礼后把茶传给他，并依次将茶传给下一位客人。通过捧杯敬茶众手传盅，让这一杯茶融入大家的心田，使气氛更为温馨、融洽。

● 第八道：捧杯敬茶，众手传盅

第九道：三龙护鼎，鉴赏金圈

"三龙护鼎"即用拇指、食指扶杯，中指托住杯底。三根手指喻为三龙，茶杯如鼎。这样的端杯姿势称为"三龙护鼎"。"鉴赏金圈"，就是端起杯子，察看茶汤的颜色。金骏眉品质优异，茶黄素含量高，汤色金黄清澈，有金圈。

● 第九道：三龙护鼎，鉴赏金圈

第十道：喜闻花香，一试佳茗

"欲访踏歌云外客，注烹仙掌露花香。"观色闻香之后，开始品茶之味。金骏眉是当代中国顶级红茶品质的象征，是公认的"佳茗"。

● 第十道：喜闻花香，一试佳茗

第十一道：再注甘露，封瓯流香

第十一道：**再注甘露，封瓯流香**

在盖碗中注入沸水，让金骏眉的香气在盖碗中流连穿梭。

第十二道：再斟流霞，二探花香

第十二道：**再斟流霞，二探花香**

即斟第二道茶。"流霞"即仙酒，唐李商隐有"只得流霞泛一杯"的诗句，喻茶胜若仙酒。金骏眉经过第二次的冲泡，水、香、味似果、蜜、花之综合香型，更添韵味。

第十三道：啜玉含珠，喉底留甘

第十三道：**啜玉含珠，喉底留甘**

"啜玉含珠"是范仲淹《斗茶歌》中的诗句，在这里是指品饮金骏眉宜小口品啜，让茶汤在舌部反复滚动数次，与舌部味蕾充分接触，然后以口吸气，以鼻呼气，徐徐咽下顿觉满嘴生津，齿颊留香，令人神清气爽。

第十四道：寻香探味，沁人心脾

第十四道：**寻香探味，沁人心脾**

轻闻杯底，金骏眉杯香持久、沁人心脾，仿佛使人置身于森林幽谷之中。

第十五道：君子之交，水清意远

古人云"君子之交淡如水"，而那淡中之味恰似在饮茶之后，喝一口白开水。缓缓咽下，回味红茶的甘甜饱满，领悟平淡是真的意境。

● 第十五道：君子之交，水清意远

第十六道：骏马驰骋，生活本色

"骏马驰骋"即观赏叶底，有骏马驰骋之势。让客人观看金骏眉芽头的原形，回到茶的自然本质。

● 第十六道：骏马驰骋，生活本色

第十七道：再赏余韵，俭清和静

武夷山桐木金骏眉可以连泡12次，口感饱满甘甜，芽尖鲜活，秀挺亮丽。必须静心地去感悟，进入"神游三山去，何似在人间"的妙境。在宁静中放下尘世放下自我，去尝试和自己的内心对话，去感受俭清和静。

● 第十七道：再赏余韵，俭清和静

第十八道：宾主起立，尽杯谢茶

正山小种红茶早在清代就誉满欧美，尤为英国皇室所珍爱，英吉利人云："凡以武夷茶待客者，客必起立致敬。""尽杯谢茶"就是茶客起身喝尽杯中之茶，以谢茶人栽制佳茗的恩惠。

● 第十八道：宾主起立，尽杯谢茶

茶艺表演要领

在整个表演过程，茶艺表演者应注意神，展示美，体现质，把握匀，贵在巧。

1. 注意神

神是茶艺的精神内涵，是茶艺的生命，是贯穿整个沏泡过程的连接线。要求茶艺表演者无论是脸部的表情、神态、光彩，还是思维、心理、状态都要有神。要尽表深情实意，给人以感染力。

2. 展示美

欣赏沏泡技艺，应给人一种美的享受，包括境美、水美、器美、茶美和艺美。茶的沏泡艺术之美表现为仪表之美与心灵之美。仪表之美是沏泡者的外表，包括容貌、姿态、风度等；心灵之美是指沏泡者的内心、精神、思想等，通过沏泡表演者的设计、动作和眼神表达出来。在整个泡茶过程中，表演者始终要有条不紊地进行各种操作，双手配合，忙闲均匀，动作优雅自如，全神贯注，要忘却俗务缠身的烦恼，以茶陶冶情操，修身养性。

3. 体现质

品茶的目的是欣赏茶的质量。品茶之人对茶的色、香、味、形要求都很高，总希望喝到一杯好茶。因此，表演者事先要了解懂得武夷金骏眉的茶性，从容沏泡，能连贯而下。

4. 把握匀

茶汤浓度均匀是沏泡技艺的功力所在。用同一种茶冲泡，要求每一杯茶汤的浓度均匀一致，必须练就凭肉眼能准确控制茶与水的比例，不至于过浓或过淡。

5. 贵在巧

沏泡技艺能否巧妙自如运用，是沏泡者的水平。要做到巧，就必须熟练掌握沏茶的技艺，领悟泡茶的精髓，这样方能成"巧"。

二　金骏眉茶歌

茶歌是由茶叶生产、饮用这一主体文化派生出来的一种茶叶文化现象。从现存的茶史资料来说，茶叶成为歌咏的内容，最早见于西晋孙楚《出歌》，其称"姜桂茶荈出巴蜀"。这里所说的"茶荈"就是指茶。

茶歌的来源，一般由诗为歌。2014年5月16日，由苏冽作词、溪风谱曲、风小筝演唱的原创歌曲《金骏眉》与听众见面。歌曲曲风古典、优雅，富涵中华茶文化的韵味。《红茶醉美中国梦》，由当代著名书法家、楹联家、音乐家姜卫东老师作词谱曲，中国著名歌唱家阎维文倾情演唱。该曲高雅、雄厚、大气，音律优美，节奏欢快；通过赞美、向往的音乐表现手法，增添了中国红茶文化的魅力，为具有强烈中

国复兴特色的"中国梦"谱写了精彩艳丽的一曲。

动人的《金骏眉茶歌》，好似袅袅升起、沁人心扉之金骏眉茶香，让人陶醉。即使你未曾到过桐木与金骏眉谋面，听了这首歌之后，也会萌生亲近武夷山水、品饮金骏眉的念头。

三　正山堂红茶博物馆

正山堂红茶博物馆于 2016 年底正式开馆。它位于世界红茶发源地、福建武夷山国家级自然保护区内的桐木，现展馆面积 500 米^2，是目前闽北地区唯一的一家红茶博物馆。馆名由福建省南平顺昌人，首都师范大学教授、博士生导师、中国书法家协会理事叶培贵先生题写。展厅分"得天独厚，地蕴之灵，奇种之奇，红茶鼻祖正山小种，正山小种制作工艺，正山小种发展的推动者，金骏眉、红茶产业复兴，红茶功效"共八个部分，并运用多媒体及声、光、电等综合科技为手段，重点展示了正山小种红茶独一无二的自然生态条件、深厚的历史文化、名扬四海的盛况，以及金骏眉的脉络、优异品质的形成和红茶独特的药理保健作用。该馆已免费接待全国各阶层参观、学习、体验人士近 20 000 人次。

金　骏　眉

1= C 2/4

苏　洌 词
溪　凤 曲
凤小筝 演唱

3 2 3 2 | 3 5 6 | 6̂5̂ 6 5 | 3 2 | 1 6̂ | 5̇· | 5 5 | 6 1 | 6̂ 1 |
午后斜阳一　炉　清香你弹　着　　古弦　杯中金黄摇曳
雨后溪亭一　挂　风铃它摇　着　　深情　松下竹旁轻浇

3 2 5 5 | 5 3· | 3 - | 3 2 3 2 3 5 6 | 6̂5̂ 6 5 | 3 2 | 1 1 1̇ 6 1̇ 6 |
光圈倒映红唇　　　远山如梦似这　裳裳茶烟轻拂伊人
孟臣我转柔黄　　　江南如梦似这　茶香幽幽深浸玲珑

5· | 5 6 | 1̇ 6 | 5 6 | 5 3 | 2 1 | 2 3 5 | 6̂ 1· | 1 - |
裳　犹记当年　共采茗芽　巧揉慢捻同　做茶
心　还忆今朝　收雪采露　你我　同煮　佳茗

‖: 0 0 3 | 5 3 5 6 | 6̂5̂ 6 5 | 3 2 | 1 1 1 2 | 3· 5̇ | 6̂6̂ 6 6 | 5 3 |
只 叹日月参　横斗转星移　历风霜　笑万丈红尘熙攘
只 愿与你共　饮杯中玉液　尽欢畅　笑河山如画不如
看 那百捻岩　骨意焙兰馨　梦倾城　赏绝代风华千年
听 那蟹眼鱼　目吐珠连连　沸松声　赞好泉终遇佳茗

1.
2 1 | 6 3 | 2 - | :2 2 2 3 | 5 - | 5· | 6 5 6 | 6 1̇ |
人间梦一　场　　潇洒走一场　　都说蝶梦庄
玉影醉容　颜　　甘露润心田　　都说蝶梦庄

2̇· | 5 | 3 3 | 3 2 3 | 2̇ 1̇ | 6 5 | 6 5 5 6 | 5 5 | 3 - | 3· 6 5 |
叟　却　哪堪这锦绣　山川你我梦里共把那　骏眉寻　　　都说
叟　却　哪堪这锦绣　山川你我梦里共把那　骏眉寻　　　都说

6 6 | 1̇ 2̇· | 5 | 3 3 | 3 2 3 | 2̇ 1̇ | 6 5 | 6 6 1̇ | 2̇ 3̇ | 6 1̇· ‖
谢娘喜联　却难抵这数杯香汤　融进一颗茶心敬　茗神。
谢娘喜联　却难抵这数杯香汤　融进一颗茶心敬　茗神。

红茶醉美中国梦

—— 正山堂之歌

阎维文 演唱

姜卫东 词曲

1=C 4/4

♩=10S 抒情 歌颂 悠扬地

(3. 5 6 1 6 3 | 5 5 — 3 | 6 1 6 5 5 3 2 3 2 | 1 — 6 1 2 3 | 1 — — 0)|

5. 3 6 5 6 1 | — — 3 | 6 6 6 5 1 3 3 2 | 1 — — — | 6 — 1. 2 |

娓 娓 百 鸟 唱， 潺 潺 流 水 声； 鱼 儿
青 青 茶 园 美， 袅 袅 云 雾 升； 晨 露
悠 悠 悠 化 蕴， 浓 浓 华 夏 情； 诚 信

3. 5 3 2 3 — 1 7 6 5 6 1 | 5 — — — | 3. 5 6 1 | 6 5 3 5 2 — |

翔 浅 底， 雄 鹰 击 长 空。 翠 竹 盈 盈 入 云 霄，
随 风 去， 茗 香 满 山 中。 正 山 小 种 传 天 下，
得 天 下， 创 新 迎 彩 虹。 堂 堂 正 正 擎 天 地，

6 6 5 6 2 | 1 7 6 5 — | 6 — 1. 2 | 3 5 3 2 3 — | 6. 1 6 5 3 2 3 5 |

苍 松 傲 雪 郁 葱 葱； 武 夷 山 水 甲 天
金 骏 眉 飞 大 地 红； 桐 木 风 光 美 如
品 位 高 雅 皇 家 风； 正 山 堂 门 通 四

1 1 — 6 | 6. 5 6 2 | 1 7 6 5 — | 3. 5 6 1 6 3 | 5 5 — 3 |

下 呀， 人 杰 地 灵 百 业 兴， 人 杰 地 灵 呀
画 呀， 红 茶 始 祖 万 古 名， 红 茶 始 祖 呀
海 呀， 红 茶 醉 美 中 国 梦， 红 茶 醉 美 呀

6 1 6 5 3. 5 3 2 3 | 1 — 6. 1 2 3 | 1 — — 0 ‖ 1 — 6. 1 2 3 |

百 业 兴。 哎 嗨 哎 嗨 哟， 梦。 哎 嗨 哎 嗨
万 古 名。 哎 嗨 哎 嗨 哟，
中 国

1 — 6 — | 1. 2 3 5 3 2 | 3 — 6. 1 6 5 | 3 2 3 5 1 1 | 6 6. 5 |

哟。 正 山 堂 门 通 四 海 呀 红 茶

6 2 1 7 6 | 5 — 3. 5 | 6 1 6 3 5 5 | 5 3 6 1 6 5 | 3. 5 3 2 3 1 — |

醉 美 中 国 梦， 红 茶 醉 美 呀 中 国 梦。

渐慢   原速

5. 5 5 5 3 3 — | 3. 5 5 — | 2 1 6 1 — | 1 — — — | 1 — — 0 ‖

红 茶 醉 美   中 国 梦。

四　金骏眉茶诗词

　　金骏眉的创始，是对红茶制作技术、品饮要求以及专业鉴定等方面的整体革新，完全改变了传统红茶"浓、红、苦、涩"的特点，使红茶进入一个全新的发展高度。全国各地的文人雅士不断赋诗作词予以赞颂，丰富了金骏眉红茶文化的内涵。

武夷山品金骏眉
孙付斗

花自从容客自闲，曲溪活水煮春山。

气蒸骏影腾云舞，叶敛蛾眉共月弯。

果有清风翔腋下，真疑香国在人间。

推杯已缔今生约，卜宅拟寻桐木关。

金骏眉颂
陈创

三春初雨早微凉，一夜新芽叶未张。

小笠青罗争拾玉，柔荑红袖雅分香。

金骏眉
张建设

天赋悠然地赋香，茶人采制费时长。

白汤倾入成金色，云雾环杯饮夕阳。

游武夷山品金骏眉
戴庆生

明前芽展影婆娑，玉盏漾金香溢波。

难却武夷情一片，竹林谁赋饮茶歌?

人间一眉
陈希瑜

色胜丹霞声远蜚，武夷一曲最心痴。

谁将天上云英草，化作人间金骏眉。

金骏眉
李林根

瑶园一盏乐重尝，小种携人入醉乡。

喜看几前蝴蝶舞，花香不恋恋茶香。

茶之恋
王天明

绿涌千山画，红浮几缕春。

吾踪君莫问，已是武夷人。

咏金骏眉红茶
罗震雷

武夷先得月，山露润红茶。

金骏眉新出，卢仝句未夸。

浮香惊过雁，溢韵赛流霞。

长饮风生腋，匆匆一咏嗟。

题金骏眉茶园
何永哲

宝树无边翡翠妆，懒同桃李竞春光。

借来名岳千重秀，蕴作红尘一盏香。

浣溪沙　金骏眉
苏俊

桐木关前绿梦浓，采茶歌里摘春风。

仙芽不与世间同，金骏眉烹香自远，

青瓷盏溢韵无穷，美人佳茗几回逢？

金骏眉
陈学伟

武夷云海阔，茶采万山中。

老树鲜芽绿，精工小种红。

烹泉邀陆羽，研墨待卢仝。

我已贪多饮，清生两腋风。

金骏眉
生吉俐

正山栽小种，春发嫩芽鲜。

桐木关前采，紫砂壶里煎。

闻香人亦醉，见色月犹怜。

但得三杯饮，堪为寿国仙。

金骏眉赞
张建设

万颗芽尖不满斤，三香沁润自氤氲。

金汤一碗情醇厚，闲卧云轩意足欣。

浣溪沙　初饮金骏眉
刘进平

为爱一壶金骏眉，乘车直到武夷西。

天生佳茗果神奇。

掌上兰芽含碧雨，杯中绝色舞红衣。

倏然饮罢带香归。

茶缘
刘成宝

流云染碧孕仙家，露润风亲拥翠华。

郎望山前歌绕岭，妹行坡后髻斜花。

纤纤玉指拈新叶，款款柔情对远霞。

一片相思金不换，吟来绝唱入香茶。

卜算子　深山有嘉茗
沈志坚

青霭漫雄关，嘉茗弥深谷。

梦醒仙翁未卷帘，何处馨香馥？

一盏入云端，二盏开天目，

三盏微醺唤仆童，移驾人间宿。

醉花间 金骏眉茶
毛维娜

红如玉，润如玉，回转烟云雨。

揉碎小眉尖，把盏人间趣。

入唇香不语，只把肝肠许。

逐马向江山，一梦千年去。

潇湘神　金骏眉
李家文

金骏眉，金骏眉，武夷山上惹仙随。

道尽世间茶解语，清香怡荡吐兰芝。

题金骏眉
肖玉娥

丹霞着色品如金，岩骨情揉盏底春。

香醉武夷千古月，饮来俱是寿眉人。

阮郎归　咏金骏眉
沈志坚

清流飞壁落寒烟，茶歌遍陌阡。

素香盈袖舞婵娟，珠玑点点弦。

醉似桂，爽如泉，甘融舌齿鲜。

愿沽美茗一壶煎，归来不羡仙。

减字花木兰　金骏眉
刘净微

眉弯纤巧，晕黑匀黄舒窈窕。

欲赴红尘，桐木关前各捯身。

朱唇暗启，一桁香回公道底。

又是清明，琥珀光寒满紫庭。

金骏眉
张远益

兰溪汲满紫铜炊，煮罢春风煮骏眉。

却问桐关烟景里，茶歌一曲唱阿谁？

茶女思
钱燕群

便有名茶寄与谁，春宵无处觅王维。

东风更化相思雨，一夜染红金骏眉。

临江仙　金骏眉
王志明

爽口滑喉回味久，茶红绚烂芬芳。

武夷山上映霞光。

茶林葱郁秀，溪涧水流长。

金手点拨娇嫩叶，元勋重铸辉煌。

黑黄相间美人妆。

清风明月夜，把盏品茶汤。

浣溪沙　咏金骏眉
谢毅

金骏灵芽摘露光，

玉壶七泡有余香。

堪邀陆子细评章。

泉水烹红岩骨润，

爨丝饮绿寿眉长。

武夷佳茗惠黔苍。

金骏眉
王凤祥

武夷金骏眉，一饮起相思。

谁撷尖尖叶，煎成碗碗诗。

古风　金骏眉茶咏
杨大林

武夷金骏眉，正山小种茗。

生于宝山地，摄取天地精。

灵气千融合，炉火百炼成。

绝色胜翡翠，纯香漫华庭。

与君花前坐，品酌赏月明。

盼君解人意，共赴玉台春。

清平乐　金骏眉
楼晓峰

云蒸霞蔚，雨露何充沛。

羡慕武夷山品位，爱此物华名贵。

春晴谷雨山前，夏来翡翠生烟。

最是秋分奢侈，青瑶上接云天。

临江仙　金骏香眉初制成
郑瑞霞

青峰灵雾蓬莱雨，参差竹密花繁。

隐约绿影峭石间。

最奇天上品，独在武夷山。

玉指弹风云中取，木楼缭绕松烟。

芳菲似缕暗回环。

红锅旋定妙，乌索现金斑。

古风　金骏眉
孟庆千

武夷东南秀，佳茗瑞草奇。

桐关云雾绕，九曲迤逦随。

枝嫩黄金蕊，芽香峭壁危。

纤指摘晴翠，骏逸似扬眉。

萎凋叶转绿，摇青看季期。

小炉焙新火，罗扇动风吹。

煮泉轻泛碧，芳馨透玉卮。

含英入唇齿，清芬沁身姿。

举杯烟袅袅，凝眸意痴痴。

世间称绝品，谁个不萦思。

五 金骏眉茶联

云领正山，树一派红茶气象；
堂开胜境，恰十年金骏风华。
—— 王家安

柔荑拾玉，十载春风新着绿；
螺盏分红，一杯甘露淡生香。
—— 陈创

两眉缘大智；一叶冠群芳。
—— 汪从周

素手拈茶，翠烟袅处三分醉；
骏眉弄影，金盏开时满室香。
—— 杨晓雁

金骏眉馨，源自正山臻妙品；
玉壶心暖，基于厚德跃巅峰。
—— 周广征

一盏金芽，香凝丹岫通禅意；
千秋骏业，茶润苍生尽寿眉。
—— 韩冰

出武夷以带儒风，方为正品；
得小种而兴大业，允赖元勋。
—— 钟宇

岩骨揉情，千秋唱响武夷曲；
正山追梦，四海泡红金骏眉。
—— 王雪森

若水情怀，臻于至善；
如金品质，始自正山。
—— 李清才

名荟金之贵，骏之雄，眉之寿；
品兼形者佳，色者润，味者醇。
—— 高扬

金毫一叶，俏如眉，香醉月；
骏业十年，立于信，梦飞歌。
—— 任家潮

骏业逢时，春到正山红一点；
眉峰着意，香弥茶鼎寿千家。
—— 王建

清香隐正山，有缘者，乃禅者；
小种传神话，虽偶然，亦必然。
—— 张兴贵

骏业十年，眉间生色；
金风万缕，天下飘香。
—— 杨怀胜

天下闻香，四海争传桐木秀；
座中论道，一杯不觉武夷遥。
—— 刘新才

小种一壶，风情万种；
正山百里，茶韵满山。
—— 温继鹏

桐木关前，十万春芽含雨露；
正山堂里，一壶秋水裛云烟。
—— 卓玉郎

唯其骏字可称，看玉盏高冲，杯水能容龙马跃；
真与眉弯相类，随金波微漾，香氛欲引蝶蜂来。
—— 孙付斗

茗海试新芽，玉盏盛来，轻启莺唇香咂舌；

正山培小种，金牌铸就，宏开骏业喜扬眉。

  —— 周永红

厚韵正山，新声凤起十一载；

红茶鼻祖，故事风行四百年。

  —— 丁武成

无边绿韵园中秀，且流连九曲溪前，三春梦里；

有味红茶舌底香，犹陶醉正山堂上，金骏眉间。

  —— 张应明

小种春秋，云中茶毓青岩骨；

漫斟日月，盏底春舒金骏眉。

  —— 胡小敏

金骏眉弯，芙蓉指上春来去；

玉壶茶舞，琥珀汤中叶卷舒。

  —— 陈应山

小种扎根山裹秀；

灵芽吐瑞水涵香。

  —— 李四宝

根共武夷，生来嘉叶年年绿；

芽香桐木，采得春风浅浅斟。

  —— 咸丰收

小种大乾坤，香浮雨露滋仙掌；

嫩芽新境界，影动清流见寿眉。

  —— 范青山

遗朱子风，一叶金毫眉带彩；

品武夷韵，半瓯玉液室浮香。

  —— 李金明

传承八闽武夷韵，谁借卢仝碗，

均分堂上茶香、山中春味；

打造一流金骏眉，我依陆羽经，

大写汤中红浪、鼎上白云。

  —— 赵久生

正山品茗，如痴如醉；

武夷赏歌，似梦似随。

  —— 柯云瀚

出武夷以带儒风，方为正品；

得小种而兴大业，允赖元勋。

  —— 钟宇

彭武彭夷，功垂闽水；

元勋元正，香溢神州。

  —— 任宗厚

凝逸者情，一盏漱心开境界；

摄春之韵，半壶写意品天香。

  —— 李航

何谓正山，武夷山抱玉清境；

岂惟茶史，文化史标金骏眉。

  —— 郭凤林

云领正山，树一派红茶气象；

堂开胜境，恰十年金骏风华。

  —— 王家安

武夷春好千重绿；

金骏眉飞一品红。

  —— 李成炳

第八章 · 红茶的保健作用

　　茶既是一种饮料，又是一种食品，对人体具有养生、保健的作用，这是因为茶叶里含有很多人体生理需要的元素。现代科学研究表明：茶叶中含有 500 多种化学成分，其中具有药用价值的就有 300 多种。它们多以有机物的形态存在，如茶多酚、咖啡因，其中茶多糖、氨基酸、维生素、芳香油以及多种矿物质和微量元素等，是人体不可缺少并各具功效的重要营养和药用物质。

　　饮茶不但能解渴，还能防治疾病，提高机体免疫功能和健康水平，是一种非常有益人体心身健康的保健养生饮品。

一　茶是良药

　　饮茶最早是从药用开始的。成书于战国时期的《神农本草经》曰："神农尝百草，日遇七十二毒，得荼（茶）而解之。"自此以后，先民们就以吃茶来解毒治疾。关于茶的药用功能，《神农本草经》云："茶味苦，饮之使人益思、少卧、轻身、明目。"

　　华佗《食论》云："苦茶久食益意思。"梁代陶弘景《杂录》称："苦茶轻身换骨。"《唐本草》说："茗，苦茶，味甘苦，微寒无毒，一主瘘疮，利小便，去痰，解渴，令人少睡。"唐代陈藏器在《本草拾遗》中说："止渴除疫，贵哉茶也，上通天境，下资人伦，诸药为各病之药，茶为万病之药。"

　　唐代茶圣陆羽在《茶经》写道："茶之为用，味至寒，为饮最宜，

饮茶歌诀　叶韶霖－书

饮且食分寿而康　杨小诗－书

精行俭德之人。若热渴、凝闷、脑痛、目涩、四肢烦、百节不舒、聊四五啜，与醍醐、甘露抗衡也。"又指出茶有"解毒、治病、醒酒、兴奋、解渴"等功效。

唐代刘贞亮把饮茶作用概括为"十德"：以茶散郁气，以茶驱睡气，以茶养生气，以茶除病气……

宋代吴淑《茶赋》说："夫其涤烦疗渴，换骨轻身，茶荈之利，其功若神。"

明代顾元庆《茶谱》中记载："人饮真茶能止渴、消食、除痰、少睡、利水道、明目、益思、除烦、去腻，人固不可一日无茶。"《明史·食货志》："番人（指少数民族）嗜乳酪、不得茶，则困以病。"明代著名医学家李时珍《本草纲目》载："茶苦而寒，最能降火。火为百病，火降则上清矣。温饮则以因寒气下降，热饮则借火气而升散。又兼解酒食之毒，使人神思闿爽，不昏不睡，此茶之功也。……茶体轻浮，采摘之时芽蘖初萌，正得春生之气。味虽苦而气则薄，乃阴中之阳，可升可降。"

清代黄宫绣《本草求真》称："茶禀天地至清之气，得春露以培，生意充足，纤芥滓秽不受，味甘气寒，故能入肺清痰利水，入心清热解毒，是以垢腻能降，炙傅能鲜，凡一切食积不化，头目不清，二便不利，消渴不止，及一切吐血、便血等服之皆能有效。"《桃源县志》载："以茶配五味汤，云为'伏波将军'（马援）所制，用御瘴疠。"

● 茶者寿 叶韶霖一书

英国人威廉·格莱斯顿说:"你感觉寒冷时,茶使你温暖;你感觉燥热时,茶使你清凉;你感觉激动时,茶使你镇静。"

中华医学把茶的药理归为二十四功效:

少睡　安神　明目　清头目　止渴生津

清热　消暑　解毒　消食　醒酒

去油腻　下气　利水　通便　治痢

去痰　祛风解表　坚齿　治心病　疗疮治瘘

疗饥　益气力　延年益寿　其他

二　饮茶益寿

"茶"字为上、中、下三层结构,上层为"廿",中层为"八",下层为"木",可看成"十个八",即八十。"20+8+80=108"。所谓"茶寿",即108岁。

日本茶祖荣西禅师(1141—1215)在《吃茶养生记》上卷开篇写道:"茶者,养生之仙药也,延龄之妙术也。山谷生之,其地神灵;人伦采之,其人长命。"

中国学者陈望道说："饮茶可以唤回你的青春、勇气和健康。"

饮茶益寿，众所周知。自古以来，屡见不鲜。唐代诗人李白在《答族侄僧中孚赠玉泉仙人掌茶（并序）》中述：

余闻荆州玉泉寺近清溪诸山，山洞往往有乳窟，窟中多玉泉交流。其中有白蝙蝠，大如鸦。按《仙经》：蝙蝠一名仙鼠，千岁之后，体白如雪，栖则倒悬，盖饮乳水而长生也。其水边处处有茗草罗生，枝叶如碧玉。惟玉泉真公常采而饮之，年八十余岁，颜色如桃花。而此茗清香滑熟，异于他者，所以能还童振枯，扶人寿也。余游金陵，见宗僧中孚，示余茶数十片，拳然重叠，其状如手，号为仙人掌茶。盖新出乎玉泉之山，旷古未觌，因持之见遗，兼赠诗，要余答之，遂有此作。后之高僧大隐知仙人掌茶发乎中孚禅子及青莲居士李白也。

常闻玉泉山，山洞多乳窟。

仙鼠白如鸦，倒悬清溪月。

茗生此中石，玉泉流不歇。

根柯洒芳津，采服润肌骨。

丛老卷绿叶，枝枝相接连。

曝成仙人掌，似拍洪崖肩。

举世未见之，其名定谁传。

宗英乃禅伯，投赠有佳篇。

清镜烛无盐，顾惭西子妍。

朝坐有余兴，长吟播诸天。

这首诗说的是，湖北丹阳县玉泉山上玉泉寺外水边，生长着一种仙人掌茶，玉泉真公常饮此茶，得以还童振枯。

唐代医学家孙思邈在《养性》中指出："人之所以多病，当由不能养

性。"而品茶正是修身养性的最好方法之一。通过品茶,人的精神得以放松,心境达到空明虚静,心情感到怡悦惬意,故可以健康长寿。

历代茶人多高寿。茶圣陆羽活到七十二岁、茶僧皎然活到八十一岁、别茶人白居易活到七十四岁,这在"人生七十古来稀"的唐代都算是长寿了。宋代"眼明身健残年是,饭软茶甘万事忘"的桑苎翁陆游活了八十六岁;明代"何当借寿长生酒,只恐茶仙不肯容"的大画家文徵明活了九十岁;明末清初,自称"君有绝荣不绝茶"的杜茶村,在贫困交加中仍活了七十七岁;清代自称"君不可一日无茶"的乾隆皇帝活了八十八岁;曾称"尝尽天下之茶"的袁枚活了八十三岁;一生"笔床茶灶常相随"的茶隐阮元活了八十六岁,这些都是著名的茶人寿星。但从有记载的文字来看,饮茶之最高寿者,当属让唐宣宗为之惊讶并赐茶、赐住、赐名的洛阳和尚。宋钱易在《南部新书》中载:唐大中三年(849),洛阳有个和尚进京,年纪居然有130多岁,唐宣宗见之惊讶,问吃什么药能如此延年益寿。老和尚答:生性爱茶,每天要喝40~50碗。宣宗当场赐茶50斤,并让其住在京师的保寿寺,同时将其饮茶地，命名为"茶寮"。

现代茶人饮茶高寿的应属中国现代茶界泰斗张天福先生，他一生爱茶嗜茶、研究茶，105岁高龄时仍能奔走各地茶区。2017年6月4日在福州离世，享年108岁，堪称现代人饮茶长寿的典范。

三　红茶药用成分

现代药理学研究认为，茶叶具有多方面的药理功能。动物实验和人体验证发现，茶药理作用的发挥，有些是由单一成分来完成的，有些则是几种成分联合发挥作用，有的是几种成分互补协同完成的。因此，在某种程度上，茶对肌体药理作用的发挥是各种成分综合作用的结果。茶叶的药用成分主要有生物碱、茶多酚、芳香类物质、多糖类物质、氨基酸、维生素、矿物质和微量元素等。

不同种类的茶叶，其药用成分基本相同，但含量因茶的种类和产地的不同而有所不同。顾谦等编著的《茶叶化学》认为：红茶水浸出物中含有10%～20%的多酚类物质、0.4%～2%的茶黄素、5%～11%的茶红素、3%～9%的茶褐素、0.2%～0.5%的氨基酸、3%～5%的咖啡因、2%～4%的可溶性糖、1%～2%的水溶性果胶、1%左右的有机酸、0.02%左右的芳香油；此外，还有盐及其他物质。

多酚类物质

茶多酚，俗名茶单宁，是茶叶30多种多酚类物质的总称。它是红茶最为主要的药用成分。其功能是增强毛细血管的作用，抗炎抗菌、抑制病原菌的生长，并有灭菌的作用；能刺激叶酸的生物合成，影响维生素C的代谢；能影响甲状腺的机能，有抗辐射损伤的作用；作为收敛剂可用于治疗烧伤；可与重金属盐和生物碱结合，起解除中毒的作用。除此之外，还具有缓和胃肠紧张、消炎止泻作用等。

茶多酚主要由儿茶素类、黄酮素类化合物、花青素和酚酸四类物质组成。儿茶素类含量最高，约占茶多酚总量的 70%，是红茶药效的主要活性成分。它具有防止血管硬化、动脉粥样硬化、降血脂、消炎抑菌、防辐射、抗癌、抗突变、延缓老化等效用。儿茶素类能与单细胞的细菌结合，使蛋白质凝固沉淀，以此抑制和消灭病原菌。细菌性痢疾及食物中毒患者喝红茶颇有益。民间常用浓红茶水涂抹伤口、褥疮和香港脚，防治细菌生长扩散的效果显著。

茶黄素是由茶多酚及其衍生物氧化缩合而成的产物，其分子小，结构稳定，吸附力特别强，是红茶主要生理活性物质。它能通过多种途径，有效调整人体的代谢水平，抑制能量摄入，加速代谢，从而渐进性、治本性地起到纤体轻身的功效。能减少脂肪在肠道内的吸收，延长甲肾上腺素在体内停留的时间，促进体内脂肪的燃烧和代谢。能抑制淀粉酶、蔗糖酶的活性，减少机体对糖的吸收，具有增强血液活力，软化血管、防止血管硬化、降血脂、消除自由基、预防和改善心血管疾病和糖尿病的功能，享有茶中"软黄金"的美誉。

茶黄素自 1957 年被发现以来，始终为各国茶学家、医药家所关注研究。近年来，茶黄素的医药价值和保健功能日益为人们所认识，并成为研究的热点。1995 年由联合国粮农组织发起，在英国、美国和加拿大联合开展红茶对人体健康作用的研究。结果表明，茶黄素类不仅是一种有效的自由基清除剂和抗氧化剂，而且具有抗癌、抗突变、抑菌抗病毒，改善和治疗心血管疾病，治疗糖尿病等多种生理功能。2003 年，国际著名医学杂志《美国医学会杂志》刊登了美国科学家主导的一项临床实验结果，证实茶黄素具有降血脂的独特功能，特别是降低血脂中胆固醇和低密度脂蛋白的水平。该研究指出，茶黄素不但能与肠道中的胆固醇结合形成不溶物，减少机体对来自食物的外源性胆固醇的吸收，还能抑制人体内源性胆固醇的合成，从而降低人体内的整体胆固醇水平，在调节血脂、预防心脑血管疾病方面发挥积极作用。日本原征彦等的研究发现，茶黄素对肉毒芽孢杆菌、肠炎杆菌、金色葡萄球菌、荚膜杆菌、蜡样芽孢杆菌和贺氏细菌均有明显的抗菌效果。国内一些研究机构还发现茶黄素对 ACE 酶（血管紧张素 I 转换酶）有着显著抑制效应，具有降血压、降黏液滞度的功效，能预防心血管疾病、高脂血症、脂代谢紊乱、脑梗死等疾病。

武夷金骏眉的茶黄素含量较一般红茶高，故汤色金黄。因而，在冲泡时，应选用无污染的好水，煮沸，快冲，快出水，以促进茶黄素的释放。

生物碱

茶叶生物碱主要分为嘌呤碱和嘧啶碱两种类型。嘌呤碱包括咖啡因、可可碱、茶碱、黄嘌呤、次黄嘌呤、拟黄嘌呤、腺嘌呤、乌便嘌呤八种。红茶中的咖啡因含量最高，占总量的 3% ~ 5%；其次是可可碱，占总量的 0.05%；再次是茶碱，约占 0.002%；其他嘌呤含量很低。

咖啡因具有重要的药理功能，能刺激中枢神经，兴奋大脑皮层，减少疲乏，增强思维，提高工作效率；能抵抗酒精、烟碱和吗啡等的毒害作用；能强化血管，是血管的舒张剂；能提高胃液分泌量，帮助消化；能加快肾脏血液循环，提高肾小球的过滤率，起利尿作用；能松弛平滑肌，消除支气管和胆管痉挛，对哮喘有一定的疗效；能控制下视丘的体温中枢，调节体温；降低胆固醇和防止动脉粥样硬化。

茶碱的功能与咖啡因相似，兴奋中枢神经系统的作用较咖啡因弱，强化血管和增强心脏的作用、利尿作用、松弛平滑肌的作用比咖啡因强。另据实验证明，茶碱还能吸附金属和生物碱，并沉淀分解，这对面临饮水和食品工业污染的现代人而言，不啻是一项福音。

可可碱的功能与咖啡因、茶碱相似，兴奋中枢神经的作用比前两者都弱；强心作用比茶碱弱，但比咖啡因强，利尿作用比前两者都差，但持久性强。

芳香类物质

红茶为全发酵茶，在加工过程中发生了化学反应，香气物质从茶青中的 50 种增至 325 种。2017 年，中国科学院成都生物研究所受农业部茶叶质量监督检验测试中心委托，首次对正山堂金骏眉香气成分进行检测，共鉴定出 49 种芳香类物质，包括 17 种醇、12 种酚、7 种醛、5 种烯烃、2 种酮、2 种酯、2 种酸、1 种醚和 1 种环氧化合物。萜烯类有杀菌消炎、祛痰作用，可治疗支气管炎。酚类有杀菌、兴奋中枢神经和镇痛的作用，对皮肤还有刺激和麻醉的作用。醇类有杀菌作用。醛类和酸类均有抑杀真菌、细菌以及祛痰的功能。酸类还有溶解角质的作用。酯类可消炎、治疗痛风，促进糖代谢。

氨基酸

茶叶所含氨基酸以两种形态存在：一种存在于蛋白质里，即组成蛋白质的氨基酸；另一种以游离态存在于叶内，称为游离氨基酸。《茶叶生物化学》载：茶叶中的氨基酸通过提取、纯化、分离、鉴定，共有 26 种，其中 20 种是组成蛋白质的氨基酸，6 种是非蛋白质氨基酸。数量较多的有茶氨酸，占 50% 以上；谷氨酸，占 9%；精氨酸，占 7%；丝氨酸，占 5%；天冬氨酸，占 4%；其次是缬氨酸、苯丙氨酸、苏氨酸等。茶氨酸是形成茶叶香气和鲜爽度的重要成分。氨基酸是人体必需的营养成分，谷氨酸有助于降低血氨，治疗肝性脑病；蛋氨酸能调整脂肪代谢；α－氨基丁酸对高血压有明显的降压效果。

维生素

茶叶中含有多种维生素，包括维生素 A、维生素 D、维生素 E、维生素 K、维生素 C、维生素 P、维生素 U、B 族维生素和肌醇等，其含量占干物质总量的 0.6% ~ 1%，有水溶性和脂溶性两种。茶叶维生素含量丰富，可称为"维生素群"。饮茶可使"维生素群"作为一种复方维生素补充人体对维生素的需要。维生素 A 是人体不可少的物质，具有促进人体生长发育，维持上皮细胞与正常视力的生理功能。维生素 D 能促进肠壁对钙和磷的吸收，调节钙和磷的代谢，有助于骨骼钙化和牙齿的形成。维生素 C 具有增加血管韧性、抵抗病菌侵袭、降低胆固醇、防色素沉着等作用。

其他物质

除此之外，茶叶还含有有机酸、糖类、酶类、类酯类、无机化合物等。红茶中的氟对于防龋齿和防治老年骨质疏松有明显效果，钾有助于降低血压，铜是酚氧化酶的辅基，锌是 DNA 和 RNA 聚合的辅基，铁是细胞色素氧化酶的辅基。正山小种红茶含有较丰富的硒，据《中国茶经》载："硒具有抗氧化、抗窦变、抗肿瘤、防辐射之功效，能阻断 N- 亚硝基化合物的作用，可有效降低和防治克山病，使人延年益寿。"

四　红茶独特的保健功能

无论是流行病学研究还是基础实验结果，均表明红茶及其有效成分对心脏病和脑血管疾病、癌症、帕金森病、降脂降糖降压、强壮骨骼以及流感等多种疾病，都具有很好的预防和保健作用。

防治心脏病和脑血管疾病

红茶具有舒张血管、有益心脏的特殊功能。饮茶可以降低人体血液中有害胆固醇的含量，增加有益胆固醇的含量，降低血压。可降低血液黏度、抗血小板凝集，对预防脑血栓、冠心病等心血管疾病有效。

美国医学界在最近的一项研究发现，心脏病患者每天喝 4 杯红茶，血管舒张度可从 6% 增加到 10%。常人在受到刺激后，则舒张度会增加到 13%。这项研究是由波士顿大学进行的，研究报告说，红茶的疗效虽然无法使病人的血液流通恢复正常，但却有助于改善血管畅通的状况。还有研究表明，红茶中含有一种黄酮类化合物，其作用类似于抗氧化剂，能防治中风和心脏病。

荷兰一项研究显示，每天喝 1 杯红茶与不喝者相比，前者得心脏病的风险要比后者低 44%；每天喝 4 杯以上红茶，可使患动脉粥样的危险性降低 69%。日本大阪市立大学实验指出，饮用红茶一小时后，测得经心脏的血管血流速度改善，证实红茶有较强的防治心梗效用。

提神消疲、利尿

红茶中的咖啡因能刺激大脑皮质，兴奋神经中枢，促进提神、思考力集中，使思维反应敏锐，记忆力增强。加之对血管系统和心脏也具有兴奋作用，能强化心博，加快血液循环，促进新陈代谢，排泄乳酸，达到消除疲劳的效果。

此外，红茶中的咖啡因与芳香物质能联合作用，增加肾脏的血流量，提高肾小球过滤率，扩张肾微血管，并抑制肾小管对水的再吸收，增加尿液量，有利排除体内尿酸、过多的盐分、有害物质等，缓和心脏病、肾炎造成的水肿。

降脂降糖降压

茶中的儿茶素类化合物能分解脂质，并促进排泄，以减少血液中的吸收量，调节胆固醇到维持适量。同时，还有抑制血小板聚集和帮助血液抗凝的功能，降低血栓发生的概率。实验表明，20毫克红茶或30～40毫克绿茶，可抑制每毫升含血清纤维蛋白原1毫克的血浆凝固。屠幼英《茶与健康》载：据1 746名阿拉伯妇女摄入红茶后血脂水平的横断面资料研究结果表明，每天饮红茶6杯者，其血浆胆固醇、甘油三酯、低密度脂蛋白和极低密度脂蛋白升高的风险性要低于不饮茶者。英国剑桥大学DUNN临床营养中心的一项研究发现，红茶的摄入可能对特定的基因型个体特别有效，具体表现在载脂蛋白E（Apo E）的基因型能够调节红茶对血脂水平的影响。

糖尿病是一种由于血糖浓度过高，引起代谢紊乱的疾病。临床症状是典型的"三多一少"，即多饮、多尿、多食及消瘦。红茶可通过其内含的儿茶素类化合物、茶色素及复合多糖类等有效成分的抗炎、抗变态反应来改变血液的流变性，起到抗氧化、清除自由基等作用，从而降血糖，使糖尿病患者的主要症状得到改善，降低空腹血糖值、B-脂蛋白、尿蛋白，改善肾功能。因此，长期坚持饮用红茶具有辅助治疗和预防糖尿病的功效。

有关机构研究还发现，红茶中的儿茶素类化合物可以抑制血管紧缩素 II 的形成活动，有助于降低血压至正常状态。同时，能发挥增强血管弹性、韧性、抗压性的作用。

养胃、暖胃、驱寒

绿茶有天然的轻逸之感，但喝绿茶后常会感到胃部不舒服。这是由于绿茶中所含的重要物质——茶多酚具有收敛性，对胃黏膜有一定的刺激作用。特别是胃寒的人或空腹情况下刺激性更为明显。而红茶是经过发酵烘制而成的，茶多酚在氧化酶的作用下发生酶促氧化反应，这些茶多酚的氧化物能消炎，保护胃黏膜，能养胃暖胃。❶红茶生热暖胃，可养人体阳气，增强人体的抗寒能力。中医认为，"时届寒冬，万物生机藏闭，人们的生理机能处于抑制状态，养身之道，贵乎御寒保暖"，故冬日严寒时节以喝红茶为理想饮品。同时，由于红茶茶性温厚，所以在民间常以其作为暖胃、助消化的良药，四季皆可饮用。对体质虚寒者来说，夏天更应常饮红茶，可祛湿养胃，通畅气血。

强壮骨骼，防龋齿

在各种饮品中，红茶的多酚类含量最多，为 17.4%，绿茶为 12%、红葡萄酒 9.6%、鲜橘子汁 0.8%。2002 年 5 月 13 日，美国医师协会发表对 497 名男性和 540 名女性经 10 年以上的调查结果，指出饮用红茶的人骨骼强壮，因为红茶中的多酚类有抑制、破坏骨骼细胞物质的活力。如在红茶中加入柠檬，则强壮骨骼的效果更佳。为防治女性常见的骨质疏松症，专家建议每天坚持喝一杯红茶，坚持数年，其效果明显。

另外，饮茶可以抑制口腔中龋齿分泌的一种酶，使得龋齿菌不能粘着在牙齿表面，能起到防龋齿的效果。红茶含有丰富的氟，与牙齿钙质有很大的亲和力，它们结合之后可以补充钙质，使抗龋齿的能力明显增强。所以用红茶漱口可预防蛀牙和过滤性病

---

❶ 林钰，等. 2017.红茶对胃肠道生理调节与疾病预防作用的研究进展【J】.茶叶科学，37（1）：10-16.

毒引起的感冒。美国杂志还报道，红茶抗衰老的效果强于大蒜、西蓝花和胡萝卜等。

预防帕金森病

帕金森病是一种常见的神经功能障碍疾病，其症状为病人静止时手、头或嘴不由自主地震颤，肌肉僵直，运动缓慢，姿势平衡障碍等。迄今，帕金森病的致病原因仍不完全清楚，也无根治良方。新加坡国立大学杨潞龄医学院和新加坡国立脑神经医学院的研究人员调查了 6.3 万名 45～74 岁的新加坡居民，发现每个月至少喝 23 杯红茶的受调查者，患帕金森病的概率比普通人低。

研究人员认为，红茶中的酶有助预防帕金森病，而咖啡因无此功效，希望今后能从红茶中提炼出有效成分制成预防帕金森病的药物。

预防癌症

红茶具有预防癌症的作用，其机理在于茶黄素对肿瘤细胞起始阶段的抑制。科学家在乌干达的一项调查表明，长期饮用红茶可预防肺癌的发生，每天只要饮用 2 杯以上红茶就可降低肺癌发生的危险系数，这种作用对小细胞肺癌和鳞癌型肺癌更为明显。每天饮用大于 1.5 杯红茶可降低患结肠癌的概率。

美国研究人员使用脱咖啡因的绿茶、红茶提取物，观察其对亚硝酸胺类致癌物诱发小鼠癌变的抑制作用，结果表明：喂食绿茶、红茶提取物的小鼠肿瘤繁殖量分别减少 67.5% 和 65%，0.6% 的红茶提取物约减少肿瘤发生率 63%。另一项研究发现，红茶提取物在浓度 0.1～0.2 毫克／毫升时，能够强烈抑制纯合子型鼠肝癌细胞和 DS19 小白鼠白血病细胞中的 DNA 合成，对急性早幼粒白血病细胞有较强的细胞毒性。

茶色素是一种安全有效的免疫调节剂，可调节血液透析病人血清 IL-8 接近正常水平，对恶性肿瘤患者放化疗后白血病细胞下降有显著的保护作用。

除此之外，红茶还可以有效阻止流感等多种病毒在人体内的扩散。

参考文献

陈杭生，2008，茶叶人生：茶界泰斗张天福一百华诞纪念文集【M】.福州：福建科技出版社.

陈龙，等，2006，闽茶说【M】.福州：福建人民出版社.

陈宗懋，1992，中国茶经【M】.上海：上海文化出版社.

巩志，2003，中国贡茶【M】.杭州：浙江摄影出版社.

巩志，2005，中国红茶【M】.杭州：浙江摄影出版社.

顾谦，等，2005，茶叶化学【M】.合肥：中国科学技术大学出版社.

华侨茶业发展研究基金会，2016，茶道养生师【M】.北京：中国工人出版社.

江西含珠实业有限公司，2013，世事沧桑话河红【M】.北京：中国农业出版社.

赖少波，2011，龙茶传奇【M】.福州：海峡书局.

林永传，彭戈，2010，八闽茶商【M】.北京：中国书局.

施丰声，等，2010，休宁县茶叶志【M】.北京：中国文史出版社.

吴枫，2011，贵州绿茶【M】.北京：中国文联出版社.

萧天喜，2008，武夷茶经【M】.北京：科学出版社.

徐庆生，2010，中国名茶金针梅【M】.北京：中国农业出版社.

徐庆生，祖帅，2012，中国名茶丛书名姝双姝【M】.北京：中国农业出版社.

徐庆生，2012，品读通仙【M】.厦门：鹭江出版社.

徐庆生，2015，铜钹山河红【M】.北京：国家行政学院出版社.

徐庆生，徐希西，2017.正山堂茶经金骏眉【M】.北京：中国农业出版社.

徐庆生，等，2011，中国名茶元正金骏眉【M】.北京：中国农业出版社.

郑建新，等，2010，松萝茶【M】.上海：上海文化出版社.

周重林，等，2012，茶叶战争【M】.武汉：华中科技大学出版社.

邹新球，2006，中国名茶丛书武夷正山小种红茶【M】.北京：中国农业出版社.

后记

茶是饮品，也是文化符号。作为饮品，受自然环境的影响，茶具有很强的地域性。作为文化符号，文化性是中国名优茶的特有现象。茶著作为传递品牌价值的一种文化手段，是文化性的浓缩与再现，在实现"好茶"向"名茶"转换的过程中，不可或缺。

金骏眉由正山堂始创，能在不长的时间内，冲出地域，在全国范围取得消费认同，成为公认名茶，与其建立在品质基础之上个性茶文化专著的出版发行，有着千丝万缕的关系。

《中国名茶丛书 金骏眉》，是在《中国名茶 元正金骏眉》《中国名茶丛书 名门双姝——金针梅、金骏眉》《正山堂茶经 金骏眉》三书的基础上，几易其稿，而形成的。今日付梓，最令人难以忘怀的是，中国农业出版社编辑孙鸣凤女士在本书写作过程中，给予的精心策划、细心指导和用心加工。在此，特向她表示衷心的谢忱。

中国著名文艺评论家陆永建先生为本书作序，著名书法家叶韶霖、杨小诗、刘铁平为本书创作了书法、篆刻作品；知名摄影家丁李青、李少玲女士和正山堂茶业有限公司提供了摄影作品。在此，一并致谢。

作者

2020 年 4 月于鹭岛茶者居